中等职业教育示范专业系列教材（机电技术应用专业）

传感器应用基础

主　编　苗玲玉
副主编　周福星　屈　娟
参　编　杨　鹤　俞　红　邵　震
主　审　魏　民

机械工业出版社

本书以面向中职教育为准则，以职业岗位对人才的需求出发，强调通俗易懂，以实用为本，以应用为主，着眼于学生在应用能力方面的培养。主要包括传感器基础知识，电阻应变式、电感式、电容式、光、电动势型、半导体、超声波等类型传感器的应用，信号处理方法，传感器在机电产品应用，传感器实验项目等内容，并以活页的形式将实验报告附录在后面供师生使用存档。

本书在编写中力求简化传感器原理，突出传感器的应用，并辅以大量当前市场上正在使用的传感器图片，注重新技术、新工艺的引进，融入近年来国内外新兴的传感器知识，并引入很多日常生产生活中的实际应用，力求将科技发展与实际应用相结合。使学生学得进、跟得上，融知识、技能、实践于兴趣之中，让学生有针对性地学习。

本书可供中等职业学校和技校类的学生作为教材和学习参考书使用，也可供希望了解和使用传感器的工程技术人员阅读。

本书配有免费电子教案，配有丰富的图片和自制的 flash 课件，供教师教学或者学生自学。凡选用本书作为授课教材的学校，均可来电索取，咨询电话：010-88379195。

图书在版编目（CIP）数据

传感器应用基础/苗玲玉主编. —北京：机械工业出版社，2008.3
（2021.8 重印）
中等职业教育示范专业系列教材（机电技术应用专业）
ISBN 978-7-111-23297-1

Ⅰ. 传… Ⅱ. 苗… Ⅲ. 传感器—专业学校教材 Ⅳ. TP212

中国版本图书馆 CIP 数据核字（2008）第 005130 号

机械工业出版社（北京市百万庄大街 22 号 邮政编码 100037）
策划编辑：高 倩 责任编辑：赵红梅 版式设计：霍永明
责任校对：陈延翔 封面设计：王奕文 责任印制：单爱军
北京虎彩文化传播有限公司印刷
2021 年 8 月第 1 版第 16 次印刷
184mm×260mm · 14 印张 · 329 千字
标准书号：ISBN 978-7-111-23297-1
定价：35.00 元

电话服务　　　　　　　　网络服务
客服电话：010-88361066　机　工　官　网：www.cmpbook.com
　　　　　010-88379833　机　工　官　博：weibo.com/cmp1952
　　　　　010-68326294　金　书　网：www.golden-book.com
封底无防伪标均为盗版　　机工教育服务网：www.cmpedu.com

前　言

　　本书是根据教育部颁发的中等职业学校机电技术应用专业"传感器及应用教学基本要求"编写的教材。

　　本书注重中等职业教育的特点，强调通俗易懂，以实用为本，以应用为主，着眼于学生在应用能力方面的培养。在编写中力求简化原理，突出传感器的应用，并辅以大量当前市场正在使用的传感器图片，注意新技术、新工艺的引进，融入近年来国内外新兴的传感器，拓宽学生的知识面，并引入很多日常生产生活中的实际应用，力求将科技发展与实际应用相结合。

　　本书的建议学时为60学时。兼顾到不同地区、不同学校的具体情况，增加了很多阅读资料，教学学时可以在60~90之间机动选择。各章的参考教学时数分配及编者如下：

教材内容	学时数		编者
	理论学时	实验学时	
绪论	2		苗玲玉
第1章　基础知识	2		杨鹤
第2章　电阻应变式传感器及其应用	4	2	
第3章　电感式传感器及其应用	4	4	俞红
第4章　电容式传感器及其应用	4	2	周福星
第5章　光传感器及其应用	4	4	苗玲玉
第6章　电动势型传感器及其应用	4	8	
第7章　半导体传感器及其应用	4		周福星
第8章　超声波传感器及其应用	4		苗玲玉　屈娟
第9章　信号处理方法	2		苗玲玉
第10章　传感器在机电产品中的应用	4		屈娟
第11章　传感器实验项目			苗玲玉　屈娟
机动	2		

　　本书由苗玲玉统稿，魏民主审，邵震、周福星负责本书的图片处理。本书是编写组全体同志的集体劳动成果，同时得到沈阳铁路机械学校机电专业部很多老师的大力支持，尤其是赵玉岐老师利用业余时间为本书拍摄了很多照片，在此一并表示深切的感谢。

　　由于水平有限，经验不足，书中难免存在错误和缺点，诚恳欢迎读者批评指正，并由衷表示感谢。

编　者

目　　录

绪　　论

 1. 认识传感器，了解传感器在不同领域的应用；
2. 了解传感器的分类；
3. 了解传感器的发展。

0.1　传感器的应用

 思考一：夏季买西瓜的时候，你会怎样挑选呢？

买西瓜的时候，有的人习惯看颜色或者形状，更多人习惯用手拍拍，此时手就不知不觉被当做了一种传感器，人的大脑根据从西瓜上传回来的振动模糊判断这个西瓜的好坏。

传感器（又叫探测器、换能器等）实质上就是代替人的五种感觉（视、嗅、听、味、触）器官的装置。它是一种能感受被测量并按一定规律将其转换成可供测量的信号的器件。

在我们的日常生活中，传感器随处可见：电冰箱、电饭煲中的温度传感器；空调中的温度和湿度传感器；煤气灶中监测煤气泄漏的气敏传感器；电视机和影碟机中用于遥控的红外光电传感器；照相机中的光传感器；汽车中的流量传感器等，不胜枚举。图 0-1 所示为几个生活中常见的利用传感器工作的设备。

a) 电子秤　　　　　　　　　　b) 摄像机　　　　　　　　c) 烟雾报警器

图 0-1　我们身边的传感器

随着科技的发展、自动化程度的提高，对测量的精度和速度，尤其是对被测量动态变化过程的测量和远距离的测量提出更高的要求。而实际生产生活中的被测量多数是非电量，因此绝大多数传感器是将非电量转换成电量后再进行测量的。本书中的传感器多指那些将非电量转换成电量的传感器。

 思考二：洗澡前用手试试水温，我们能够知道水的温度需要怎样调节才合适。那么通过传感器检测到的非电量，我们怎么才能知道其具体结果呢？

一个完整的非电量电测系统，一般由传感器、中间转换器、显示记录装置组成，如图0-2所示。从中可以看出传感器在系统中占有重要的位置。

图 0-2 非电量电测系统框图

传感器直接感受被测量，并按一定规律将其转换成电量输出；中间变换器再将传感器输出的电量转换成便于传输、显示和记录的电信号；显示记录装置将中间变换器的输出量转换成人的感官能接受的信号显示或者存储。

思考三： 传感器都应用在哪些领域呢？

传感器是现代测控系统中不可缺少的器件。随着计算机、自动化生产、生物医学、环保、能源、海洋开发、遥感、遥测、宇航等科技的发展，传感器的应用逐渐渗透到人类生活的各个领域。从各种复杂的工程系统到日常衣食住行，都离不开各种传感器，传感器技术的发展对国民经济的发展起着日益重要的作用。

1. 传感器与工业自动化生产和自动控制系统

传感器在工业自动化生产中占有极其重要的地位。在石油、化工、电力、钢铁、机械等行业中，传感器在各自的工作岗位上担负着相当于人类感觉器官的作用，它们每时每刻按照需要完成对各种信息的检测，再把测得的信息通过自动控制、计算机处理等环节进行反馈，用于生产过程、质量、工艺管理与安全方面的控制。图 0-3 所示的是楼宇自动控制系统。

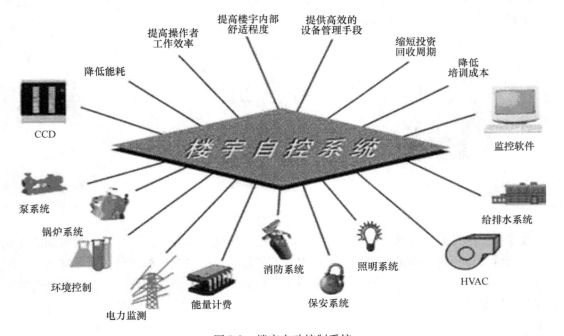

图 0-3 楼宇自动控制系统

楼宇自动控制系统 BAS（Building Automation System）对建筑物内的变配电系统、空调系统、通风系统、给排水系统、照明系统、电梯系统、自动识别系统、巡更系统和消防系统等所有系统设备进行控制和管理，从而提高建筑物内的智能化管理水平和管理效率、减少管理人员、降低设备故障率、提高设备运行的可靠性、节约能源，在楼宇内营造一个健康舒适的工作、生活环境。

为实现控制以上系统设备使用的传感器有温度、湿度、液位、流量、压差等传感器。

2. 传感器与汽车

目前，传感器在汽车上的应用已不只局限于对行驶速度、行驶距离和发动机旋转速度的监控及燃料剩余量等有关参数的测量。由于汽车交通事故的不断增多和汽车对环境的污染危害日益加重，传感器在一些新的设备，如汽车的安全气囊、防盗、防滑控制、防抱死、电子变速控制、排气循环、电子燃料喷射及"黑匣子"等装置中都得到了实际应用。可以预见，随着汽车各项技术的发展，传感器在汽车领域的应用将会更为广泛。

3. 传感器与家用电器

现代家用电器中普遍应用了传感器。图 0-4 所示的是几种应用了传感器的常见家用电器。在电子炉灶、电饭锅、吸尘器、空调器、热水器、热风取暖器、电熨斗、电风扇、游戏机、电子驱蚊器、洗衣机、洗碗机、照相机、电冰箱、彩色电视机、录像机、录音机、收音机、家庭影院等家用电器中，传感器都得到了广泛的应用。

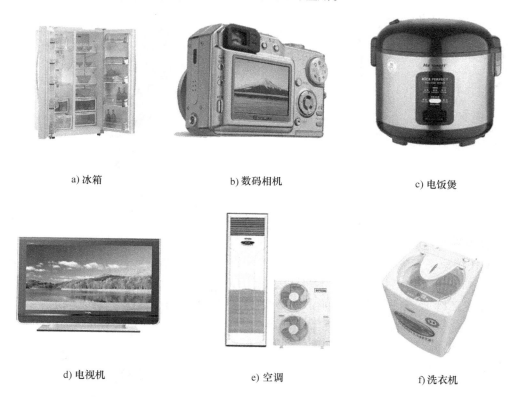

a) 冰箱　　　　　　b) 数码相机　　　　　　c) 电饭煲

d) 电视机　　　　　　e) 空调　　　　　　f) 洗衣机

图 0-4　部分应用传感器的常见家用电器

目前，家庭自动化的蓝图正在设计之中，未来的家庭将由微型计算机作为中央控制装置，通过各种传感器监视家庭的各种状态，并通过控制设备进行各种控制。家庭自动化的主要内容包括安全监视与报警、空调及照明控制、耗能控制、太阳光自动跟踪、家务劳动自动化及人身健康管理等。家庭自动化的实现，可使人们有更多的时间用于学习、教育和休息娱乐。

4. 传感器与机器人

目前，在劳动强度大或危险作业的场所，已逐步使用机器人取代人的工作。一些高速度、高精度的工作，由机器人来承担也是非常合适的。但实际应用中的机器人多数是用来进行加工、组装、检验等限于生产使用的自动机械式单能机器人，图0-5所示为单能机器人中的机械手。在这些机器人身上仅采用了检测机械臂位置和角度的传感器。

要使机器人和人的功能更为接近，以便从事更高级的工作，就要求机器人具有判断能力，这就要给机器人安装视觉传感器和触觉传感器，使机器人通过视觉传感器对物体进行识别和检测，通过触觉传感器对物体产生接触觉、压觉、力觉和滑觉。这类机器人被称为智能机器人。图0-6所示为智能机器人中的双脚步行机器人。它不仅可以从事特殊的作业，而且一般的生产活动和生活家务，也可全部交由它来处理。

图0-5 单能机器人—机械手　　　　　图0-6 智能机器人—双脚步行机械人

5. 传感器与医疗医学

随着医用电子学的发展，仅凭医生的经验和感觉进行诊断的时代将会结束。现在，应用医学传感器可以对人体的表面和内部温度、血压、腔内压力、血液及呼吸流量、肿瘤、血液分析、脉搏及心音、心脑电波等身体特征进行高难度的诊断。图0-7所示为螺旋CT检测设备。显然，传感器对促进医疗技术的发展起着非常重要的作用。

为增进全民的健康水平，医疗工作将不再局限于治疗疾病。今后，在疾病的早期诊断、早期治疗、远距离诊断及人工器官的研制等广泛的范围内，医疗工作将会

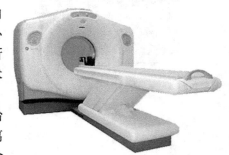

图0-7 螺旋CT检测设备

发挥更重要的作用，而传感器也将会得到越来越多的应用。

6. 传感器与环境保护

目前，全球的大气污染、水污染及噪声污染已严重地破坏了地球的生态平衡和生存环境，这一现状已引起了世界各国的重视。为保护环境，利用传感器制成的各种环境监测仪器发挥了积极的作用。图 0-8 所示为工厂区的烟气检测。通过传感器对工厂上空大气成分的检测、控制相关地区工厂的废气排放，保护环境。

图 0-8　工厂区的烟气检测

7. 传感器与航空航天

在航空航天的飞行器上广泛应用着各种各样的传感器。图 0-9 所示为神舟五号飞行器发射现场。为了解飞行器的飞行轨迹，并把它们控制在预定的轨道上，就要使用传感器进行速度、加速度和飞行距离的测量，为了解飞行器飞行的方向，就必须要掌握它的飞行姿态，飞行姿态可以使用红外水平线传感器陀螺仪、阳光传感器、星光传感器及地磁传感器等进行测

图 0-9　神舟五号飞行器发射现场

量。此外，对飞行器周围的环境、飞行器内部设备的监控也都要通过传感器进行检测。

8. 传感器与遥感技术

所谓遥感技术，简单地说就是从飞机、人造卫星、宇宙飞船或船舶上对远距离的广大区域中的被测物体及其状态进行大规模探测的一门技术。

在飞机及航天飞行器上装用的传感器是近紫外线、可见光、远红外线及微波传感器等，在船舶上向水下观测时多采用的是超声波传感器。例如，要探测一些矿产资源的埋藏方位，就可以利用人造卫星上的红外接收传感器，接收从地面发出的红外线来进行测量，然后由人造卫星通过微波发送到地面站，经地面站的计算机处理，便可根据红外线分布的差异判断出埋有矿藏的地区。

遥感技术目前已在农林资源、土地资源、海洋资源、矿产资源、水利资源、地质、气象、军事及公害等领域得到了应用。图 0-10 所示即为在卫星上通过遥感技术拍摄的美国空军基地。

图 0-10   遥感拍摄照片—美国空军基地

0.2   传感器的分类

传感器的分类方法很多。有的传感器可以同时测量多种参数，而对同一物理量又可用多种不同类型的传感器来进行测量。因此同一传感器可分为不同种类，有不同的名称，具体分类见表 0-1。

表 0-1　传感器分类

序号	分 类 方 法	传感器名称
1	被测量	物理量传感器、化学量传感器、生物量传感器
2	传感器输出信号	数字传感器、模拟传感器
3	传感器的结构	结构型传感器、物性型传感器、复合型传感器
4	传感器的转换原理	机－电、光－电、热－电、磁－电、电化学等传感器

0.3　传感器的发展

　　传感器是新技术革命和建设信息社会的重要技术基础，各种新能源的开发、交通运输效率的提高、环境的保护和监测、遥感技术和航天技术的发展，都有赖于各式各样的高性能传感器。从当前高新技术的发展趋势来看，传感技术的发展方向主要有以下几个方面。

　　（1）传感器技术向量子化发展。传感器的检测极限正在迅速延伸，如利用核磁共振吸收的磁传感器。

　　（2）传感技术向集成化、多功能化发展。把敏感元件与信号处理电路以及电源部分集成在同一个基片上，从而使检测及信号处理一体化。集成化的传感器与一般传感器相比，具有结构简单、重量轻、体积小、速度快、稳定性好等特点。为了使传感器进一步简化，现在已经出现了多功能传感器，使一种传感器可以测量多种参数或具有多种功能。

　　（3）传感技术向智能化发展。大大地扩大了其使用功能，并提高了精度。

 思考四：还会有什么样先进的传感器呢？

　　（1）智能房屋（自动识别主人）；

　　（2）智能衣服（自动调节温度）；

　　（3）智能公路（自动显示、记录公路的压力、温度、车流量）；

　　（4）智能汽车（无人驾驶、卫星定位）；

　　……

　　例如图 0-11 所示的智能化水质检验系统。

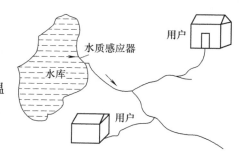

图 0-11　智能化水质检验系统

0.4　本课程的任务和教学要求

　　本书在介绍传感器的结构、外形和原理的基础上，着重介绍了传感器的应用情况，给出了传感器在许多领域的应用实例。本书可供中等职业学校的学生作为教材和学习参考书使用，也可供希望了解和使用传感器的工程技术人员阅读。

　　作为教材，建议以实验或者现场演练为主，每章理论教学约 4 学时（详见前言中的参考学时）。实验条件受限的学校，可以根据各自情况酌情增加理论学时。

第1章 基础知识

在实际工程中提出的检测任务是正确及时地掌握各种信息，大多数情况下是要获取被测对象信息的大小。这样，信息采集的主要含义就是测量和取得测量数据。检测信号需要由传感器与多台检测仪表组合在一起进行测量，这样就构成了检测系统。计算机技术及信息处理技术的发展，使得测量系统所涉及的内容不断得以充实。

为了更好地掌握传感器的应用方法，需要对测量的基本概念、测量的误差、检测系统的基本特性等方面的理论进行学习，只有了解这些基本理论，才能更好地完成检测任务。

1.1 测量

思考一：在我们的课堂上，你的课桌有多长？

1. 了解测量的概念；
2. 熟悉测量的几种方法及其选用。

1. 测量的概念

所谓测量或检测就是指为了获得测量结果或被测量的值而进行的一系列操作，它将被测量与相同性质单位的标准量进行比较，并确定被测量对标准量的倍数。

经过测量后所得的被测量的值叫测量结果。测量结果一般是由数值大小和测量单位两部分组成，数值的大小除了可以用数字表示外，还可以用曲线或图形的方式进行表示。测量单位在测量结果中是必不可少的，否则测量的结果没有任何意义。

在实际的测量中，为了得到测量结果，我们可采取不同的测量方法来实现对被测量的测量，通常根据被测量的性质、特点和测量的要求来选择适当的测量方法。

2. 测量的方法

在检测过程中，对于被测量的测量，按测量方法可分为两类：直接测量和间接测量。

（1）直接测量。直接测量是用测量仪器和被测量进行比较，直接读取被测量的测量结果；或将测量值与同类标准量比较而得出结果。例如用刻度尺、游标卡尺、天平、直流电流表等进行的测量就是直接测量。

（2）间接测量。间接测量是不能直接用测量仪器得到被测量的大小，而要依据与被测量有确定函数关系的几个量，代入相关函数关系式，从而得到被测量的大小。例如重力加速度，可通过测量单摆的摆长和周期，再由单摆周期公式算出，这种类型的测量就是间接测量。

按照被测量获得的方法可分为偏差式测量、零位式测量和微差式测量。

（1）偏差式测量。用测量仪表指针相对于刻度起始点的位移（偏差）来表示被测量大小的测量方法称为偏差式测量。使用这种测量方法的仪表内并没有标准量具，而是只有经过标准量具校准过的标尺或刻度盘，在测量时利用仪表指针在标尺或刻度盘上的相对偏差，读取被测量的大小，这种测量方法测量速度快捷、方便，但是测量的精度较低，被广泛应用在各种工程测量中。

（2）零位式测量。用指零式仪表来反映测量系统的平衡状态，在测量过程中，当指零式仪表指零，测量系统达到平衡时，用已知的标准量来确定被测量的大小，这样的测量方法称为零位式测量。天平就是典型的从零位式测量方法来实现对被测量的测量，在左侧托盘放入被测物体后用已知质量的砝码放在天平的右侧托盘里，使天平达到平衡状态，这样就可以通过已知砝码的质量来测量出天平左边托盘里的被测量的质量了。由于指零式仪表比较灵敏，所以使指零式仪表达到平衡是一个比较慢的过程，虽然测量的精度很高，但测量过程复杂，时间较长，因此零位式测量只适合于被测量是变化缓慢的量，而不适合测量变化很快的被测量。

（3）微差式测量。将被测量与已知的标准量进行比较，得到差值后，再用偏差式测量的方法得到这个差值，最后把差值和已知的标准量相加，从而获得我们需要测量的被测量的大小，这种测量方法就是微差式测量。可以看出微差式测量实际上综合了偏差式测量和零位式测量。如图 1-1 所示，P 为灵敏度很高的偏差式仪表，通过它来指示被测量 x 与已知标准量 s 的差值，很容易可以看出被测量 $x = s + \Delta$。只要偏差式仪表准确度高，Δ 足够小，那么被测量的准确度就基本上取决于已知标准量的准确度。微差式测量不仅测量速度快，而且准确度高，既避免了偏差式测量精度低的缺点，又避免了零位式测量反复调节已知标准量大小的麻烦，因此微差式测量常应用在精密测量或生产线控制参数的测量上。

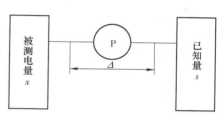

图 1-1　微差式测量示意图

1.2　测量误差

思考二： 每个同学的课桌长度都相同，为什么会存在不同的测量结果呢？

1. 了解测量误差及其表示方法；
2. 熟悉如何确定检测系统的精度等级；
3. 了解各类误差的产生和消除方法。

1.2.1　测量误差的定义

1. 理论真值

严格定义的理论值或者客观存在的实际值称为理论真值，如三角形的内角和是180°等。在实际的测量当中理论真值是很难获得的，所以常用约定真值或相对真值来代替理论真值。

2. 示值

检测系统（仪器）指示或显示被测量的数值叫示值，也称为测量值。

1.2.2 测量误差的表示方法

检测系统的基本误差通常有两种表示形式：绝对误差和相对误差。

1. 绝对误差

绝对误差就是测量值与被测量的真值之间的代数差，即

$$\Delta = A_x - A_0 \tag{1-1}$$

式中，Δ 为绝对误差，A_x 为测量值，A_0 为真值。由于 A_0 一般很难得到，所以常用高一级的标准仪器的示值即相对真值来代替 A_0。

绝对值与 Δ 大小相等，而符号相反的值称为修正值，常用 C 表示，即有

$$C = -\Delta \tag{1-2}$$

例如，已知三角形的内角和为 $180°$，用量角器测量三角形的内角和为 $181°$，那么此次测量的绝对误差为

$$\Delta = A_x - A_0 = 181° - 180° = 1°$$

由以上的例子可以看出：①绝对误差是有单位的，其单位与测量值和真值相同。②绝对误差是有符号的，若绝对误差为正，则表示测量值大于真值；若绝对误差为负，则表示测量值小于真值。

2. 相对误差

（1）实际相对误差。实际相对误差就是绝对误差 Δ 与真值 A_0 的比值，即

$$\gamma_A = \frac{\Delta}{A_0} \times 100\% \tag{1-3}$$

（2）示值相对误差。示值相对误差就是绝对误差 Δ 与示值 A_x 的比值，即

$$\gamma_x = \frac{\Delta}{A_x} \times 100\% \tag{1-4}$$

（3）最大相对误差。最大相对误差就是绝对误差 Δ 与最大值 A_{max} 的比值，即

$$\gamma_{max} = \frac{\Delta}{A_{max}} \times 100\% \tag{1-5}$$

3. 精度

检测系统（仪器）常以满度相对误差的最大值作为判断检测系统精度等级的标准，即用满度相对误差的最大值去掉正负号和百分号后的数字表示该仪器的精度等级。

根据国家有关精度等级的规定，将精度 S 划分为 7 个等级，从高到低依次是 0.1、0.2、0.5、1.0、1.5、2.5、5.0 级。但是，当我们通过测量和计算所得到的测量仪器精度不是这 7 个中的某一个时，应该如何处理才符合国家规定的标准精度等级呢？

例如，有一个量程为 0 ~ 1000V 的数字电压表，假设这个电压表整个量程中的最大绝对误差为 1.21V，即有

$$S = \frac{|\Delta_{max}|}{A_{max}} \times 100\% = \frac{1.21}{1000} \times 100\% = 0.121\%$$

结果 0.121 不是 7 个精度等级中的某一个，所以我们需要对这个结果进行一下处理。

0.121 介于这 7 个精度等级中的 0.1 级和 0.2 级之间，如果按照四舍五入的原则应该选
0.1 级。但是在精度等级的选取中，应该严格按照"选大不选小"的原则来确定精度等级，
即选 S 为 0.2 级。

【例 1】：现有 1.5 级 0 ~ 1000V 和 2.5 级 0 ~ 300V 的两个电压表，要测量 220V 的电压，
试问采用哪个电压表更好、更精确？

分析：依据题中的要求，要想知道用哪个电压表测量更好、更精确，只需要知道在测量
220V 电压时，哪个表所得的最大示值相对误差更小。

解：用 1.5 级 0 ~ 1000V 的电压表测量 220V 电压时，最大示值相对误差为

$$\gamma_{x1} = \frac{\Delta_{max1}}{A_x} \times 100\% = \frac{A_{max1} \times S_1}{A_x} \times 100\%$$

$$= \frac{1000 \times 1.5\%}{220} \times 100\% \approx 6.82\%$$

用 2.5 级 0 ~ 300V 的电压表测量 220V 电压时，最大示值相对误差为

$$\gamma_{x2} = \frac{\Delta_{max2}}{A_x} \times 100\% = \frac{A_{max2} \times S_2}{A_x} \times 100\%$$

$$= \frac{300 \times 2.5\%}{220} \times 100\% \approx 3.41\%$$

可见应该选用 2.5 级 0 ~ 300V 的电压表。

从结果可看出，并不是仪表的精度等级越高，测量的结果就越精确，而是要把仪表的精
度等级和量程同时考虑才能得到较为精确的结果。

除了按照基本误差的划分外，我们还可以把误差按照出现规律的不同分为粗大误差、系
统误差和随机误差三种。

1.2.3 测量误差的分类

1. 粗大误差

粗大误差就是明显偏离真值的误差。粗大误差一般是由于检测系统（仪器）故障、操
作不当或外界干扰造成的。含有粗大误差的测量值称为异常值或坏值。在测量过程中若发现
异常值或坏值应立即予以剔除，以免影响测量结果的准确度。

2. 系统误差

在相同条件下，多次测量同一被测量时，其误差的符号和大小保持不变；或在条件改变
时，被测量的误差按一定规律变化，这样的误差称为系统误差。

系统误差一般是由于测量仪器的制造、安装及使用方法不正确，操作人员的读数方式不
恰当，测量过程中外界（温度、湿度、气压等）干扰所造成的。系统误差是一种有规律的
误差，可采用修正值或补偿的方法来减小或消除系统误差。

3. 随机误差

在相同条件下，多次测量同一被测量时，其误差的大小与符号均无规律变化，这样的误
差称为随机误差。

随机误差一般是由于仪器测量过程中，某种未知或无法控制的因素造成的，它是不能用
技术措施来消除的，但是通过多次测量会发现随机误差服从一定的统计规律（如正态分

布等）。

 温馨提示

在任何一次测量中，系统误差和随机误差一般都是同时存在的。当它们同时存在时，可用如下方法处理测量结果：

（1）系统误差大于随机误差时，随机误差按系统误差来处理；

（2）系统误差小于随机误差，且系统误差很小，已经校正时，系统误差可仅按随机误差处理；

（3）系统误差和随机误差大小差不多时，需分别按照不同的方法对它们进行处理。

1.3 传感器的基本特性

1. 了解传感器的静态特性；
2. 了解传感器的动态特性。

1.3.1 传感器的静态特性

传感器的静态特性是指被测量是一个不随时间变化，或随时间缓慢变化的量，传感器的输入量 x 与输出量 y 具有一定的对应关系，且在关系式中不含有时间变量。

传感器的静态特性通常使用一组性能指标来描述，如灵敏度、线性度、迟滞和重复性等。

1. 灵敏度

灵敏度是指输出量的变化量 Δy 与引起输出量变化的增量 Δx 之比。一般来说，灵敏度分为线性和非线性。通常使用 K 来表示灵敏度，根据概念即有

$$K = \frac{\Delta y}{\Delta x} = \frac{dy}{dx} \tag{1-6}$$

灵敏度表示单位被测量的变化所引起的传感器输出量的变化量，所以灵敏度 K 值越高，说明传感器越灵敏。

图 1-2 所示的线性传感器的灵敏度就是它静态特性的斜率，其灵敏度为一常量；图 1-3 所示的非线性传感器的灵敏度则是输入－输出特性曲线上某一点的斜率，其灵敏度是变量，且随输入量的变化而变化。

2. 线性度

传感器的线性度是指传感器的输出－输入的实际特性曲线与理论直线之间的最大偏差与输出量程范围之比，如图 1-4 所示。

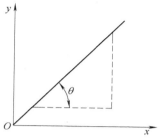

图 1-2　线性传感器的灵敏度

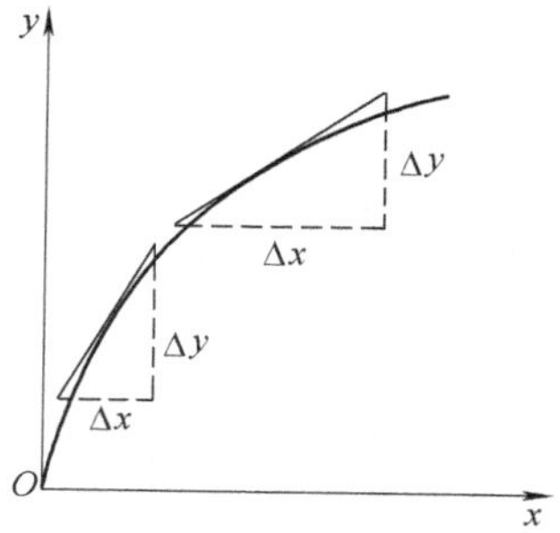

图 1-3　非线性传感器的灵敏度

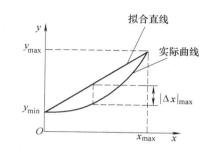

图 1-4　线性度示意图

3. 迟滞

传感器的正向输入量（由小到大）及反向输入量（由大到小）的变化期间，输入 – 输出特性曲线不一致的程度称为迟滞，如图 1-5 所示。

迟滞的最大值 ΔH_{max} 与最大满量程 Y_{FS} 的比值称为迟滞差值，常用 r_H 表示，即有

$$r_H = \pm \frac{\Delta H_{max}}{Y_{FS}} \times 100\% \tag{1-7}$$

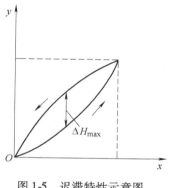

图 1-5　迟滞特性示意图

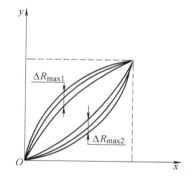

图 1-6　重复性示意图

产生迟滞的主要原因是检测系统的机械制造和工艺上存在不可避免的误差，如机械上的螺钉松动；元件长时间暴露在潮湿的空气中而被腐蚀；传感器工作时机械的摩擦等。

4. 重复性

重复性是指检测系统或传感器在输入量按同一方向作全量程多次变化时，所得特性曲线不一致的程度，如图 1-6 所示。多次测量的特性曲线重合得越好，则重复性越好，测量的误差也就越小。重复性偏差一般采用 γ_R 来表示

$$\gamma_R = \frac{\pm \Delta R_{max}}{Y_{FS}} \times 100\% \tag{1-8}$$

5. 测量范围与量程

检测系统（仪器）在正常工作条件下，能够测量被测量值的范围称为测量范围。

测量范围的最大值称为测量的上限值，测量范围的最小值称为测量的下限值，测量的上限值与下限值代数差的绝对值即为量程。

例如：有一温度计的测量上限值是40℃，下限值为-20℃，则其量程就可以表示为

$$量程 =｜40℃-（-20℃）｜=60℃$$

由此可见，已知测量范围的上限值和下限值，即可得到该检测系统的量程；反之，已知量程，却无法判断该检测系统的测量范围。

1.3.2 传感器的动态特性

传感器要检测的输入信号是随时间而变化的，传感器的特性应能跟踪输入信号的变化，这样才能获得准确的输出信号，这种跟踪输入信号变化的特性就是动态特性。

很多传感器要在动态条件下进行检测，被测量可能以各种形式随时间变化。只要输入量是时间的函数，则其输出量也将是时间的函数，其间关系用动态特性来说明。设计传感器时要根据其动态性能要求与使用条件选择合理的方案和确定合适的参数；使用传感器时要根据其动态特性与使用条件确定合适的使用方法，同时对给定条件下的传感器动态误差做出估计。

总之，动态特性是传感器性能的一个重要方面，传感器的动态特性取决于传感器本身，另一方面也与被测量的形式有关。

阅读材料：传感器的选用原则

现代传感器在原理与结构上千差万别，如何根据具体的测量目的、测量对象以及测量环境合理地选用传感器，是在进行被测量的测量时首先要解决的问题。当传感器确定之后，与之相配套的测量方法和测量设备也就可以确定了。测量的成败，在很大程度上取决于传感器的选用是否合理。

1. 传感器类型的选择

要进行具体的测量工作，首先要考虑采用何种原理的传感器，这需要分析多方面的因素之后才能确定。因为，即使是测量同一物理量，也有多种不同原理的传感器可供选用，使用哪一种原理的传感器更为合适，则需要根据被测量的特点和传感器的使用条件考虑以下一些具体问题：量程的大小；被测位置对传感器体积的要求；测量方式是接触式还是非接触式；信号的引出方法；传感器是国产的还是进口的等。

在考虑上述问题之后就能确定选用何种类型的传感器，然后再考虑传感器的具体性能指标。

2. 灵敏度的选择

通常，在传感器的线性范围内，传感器的灵敏度越高越好。因为只有灵敏度较高时，与被测量变化对应的输出信号的值才比较大，才有利于信号处理。但要注意的是，传感器的灵敏度越高，与被测量无关的外界噪声也就越容易混入，被放大系统放大后，影响测量精度。因此，要求传感器本身应具有较高的信噪比，应尽量减少从外界引入的干扰信号。

传感器的灵敏度是有方向性的。当被测量是单向量，而且对其方向性要求较高时，应选择在其他方向灵敏度小的传感器；如果被测量是多维向量，应选用交叉灵敏度小的传感器。

3. 频率响应特性的选择

传感器的频率响应特性决定了被测量的频率范围，必须在允许的频率范围内保持不失真的测量条件。实际上传感器的响应总有一定延迟，但延迟时间越短越好。

传感器的频率响应高，可测量信号的频率范围就宽，而由于受到结构特性的影响，机械系统的惯性较大，固有频率低的传感器可测量信号的频率较低。

在动态测量中，应根据信号的特点确定频率响应特性，以免产生过大的误差。

4. 线性范围的选择

传感器的线性范围是指输出与输入成正比的范围。从理论上讲，在此范围内，灵敏度保持定值，传感器的线性范围越宽，则其量程越大，并且能保证一定的测量精度。

但实际上，任何传感器都不能保证绝对的线性，其线性度也是相对的。当所要求的测量精度比较低时，在一定的范围内，可将非线性误差较小的传感器近似看作线性的，这会给测量带来极大的方便。

5. 稳定性的选择

传感器使用一段时间后，其性能保持不变的能力称为稳定性。影响传感器长期稳定性的因素除传感器本身的结构外，主要是传感器的使用环境。因此，要使传感器具有良好的稳定性，在选择传感器之前，应对其使用环境进行调查，并根据具体的使用环境选择合适的传感器，或采取适当的措施，减小环境的影响。

传感器的稳定性有定量指标，在超过使用期后，使用前应重新进行标定，以确定传感器的性能是否发生变化。

在某些要求传感器能长期使用而又不能轻易更换或标定的场合，所选用的传感器稳定性要求更严格，要能够经受住长时间的考验。

6. 精度的选择

精度是传感器的一个重要的性能指标，它是关系到整个测量系统测量精度的一个重要环节。传感器的精度越高，其价格越昂贵。因此，传感器的精度只要满足整个测量系统的精度要求就可以，不必选得过高。这样就可以在满足同一测量目的的诸多传感器中选择比较便宜和简单的传感器。

如果是为了定性分析，选用重复精度高的传感器即可，不宜选用绝对量值精度高的；如果是为了定量分析，必须获得精确的测量值，就需选用精度等级能满足要求的传感器。

对某些特殊使用场合，无法选到合适的传感器，则需根据使用要求自行设计制造传感器。

本 章 小 结

测量就是指为了获得测量结果而进行的一系列操作，它是将被测量与相同性质单位的标准量进行比较，并确定被测量对标准量倍数的过程。

测量一个被测量可以通过不同的方法来实现，按照测量的手段可分为直接测量和间接测量；按照被测量值获得的方法可分为偏差式测量、零位式测量和微差式测量。微差式测量是综合了偏差式和零位式的优点的一种测量方法。

基本误差分为绝对误差和相对误差。绝对误差是有符号和单位的，相对误差分为实际相对误差、示值相对误差和满度相对误差。在测量某一被测量时，仪表量程的选取原则是：尽量让示值落在仪表满量程的2/3处。

按照误差出现规律的不同，把误差分为粗大误差、系统误差和随机误差三种。发现粗大误差要剔除。在实际的测量中系统误差和随机误差总是一起出现。

静态特性的性能指标包括灵敏度、线性度、迟滞和重复性等。

动态特性是指传感器对随时间变化的输入量的响应特性。

复习与思考

1. 填空题

（1）所谓测量或检测就是指为了获得_____而进行的一系列操作，它是将被测量与_____进行比较，并确定被测量对_____的倍数。

（2）用测量仪表指针相对于刻度起始点的位移来表示被测量大小的测量方法称为_____。

（3）用指零式仪表来反映测量系统的平衡状态，在测量过程中，当指零式仪表指零，测量系统达到平衡时，用已知的标准量来确定被测量的大小，这样的测量方法称为_____。

（4）将被测量与已知的标准量进行比较，得到差值后，再用_____方法得到这个差值，最后把差值和已知的标准量相加，从而获得我们需要测量的被测量的大小，这种测量方法就是_____。

（5）相对误差包括_____、_____和_____。

2. 简答题

（1）什么是测量？

（2）测量有哪些方法？什么是微差式测量？

（3）误差按照其出现规律不同可分为几类？

（4）传感器有哪些基本特性？用哪些性能指标描述这些基本特性？

第2章 电阻应变式传感器及其应用

电阻应变式传感器是利用力、力矩、压力、加速度等参数的变化转换为电阻值变化，再经一定的测量电路（电桥等），将电阻值的变化转换为电压或者电流的变化来实现非电量的电测。目前电阻应变式传感器是测量这些参数应用最广泛的传感器。

2.1 电阻应变式传感器

思考一： 我们买菜、买水果都需要在电子称上进行称重，然后按照斤两来付钱，那么在电子称中存在何种传感器呢？

1. 了解电阻应变式传感器的工作原理和结构；
2. 了解应变片结构和分类。

2.1.1 原理和结构

电阻应变式传感器主要由弹性元件、粘贴在弹性元件上的应变片和传感器的外壳构成。

电阻应变片的主要工作原理是基于电阻应变效应。导体或半导体材料在受到外力作用下而产生机械形变时，其电阻值也发生相应变化的现象称为电阻应变效应。

当传感器的弹性敏感元件受到外力（被测量）作用后，弹性敏感元件发生变形，此变形传递给粘贴在弹性敏感元件上的应变片，使应变片也发生变形，由于电阻应变效应导致应变片的电阻值发生变化，此时应变片在一定的测量电路（电桥等）中就会使电路的输出电压发生变化，并通过后续的仪表放大器进行放大，再传输给处理电路显示或执行机构。从而实现非电量到电量的转化。

下面我们举一个例子来更深入地了解电阻应变效应，如图 2-1 所示，一根金属电阻丝，在未受到外力作用时，其电阻值为

$$R = \rho \frac{l}{S} \tag{2-1}$$

式中 ρ——金属电阻丝的电阻率（$\Omega \cdot m$）；

l——金属电阻丝的长度（m）；

S——金属电阻丝的横截面积（m^2）。

当金属电阻丝受到拉力 F 作用时，其几何尺寸将发生变化，即 L 将伸长变为 $L + \Delta L$，而横截面积 S 也会相应减小为 $S - \Delta S$，电阻率也因为材料发生变形等原因而改变，金属电阻丝受到外力的作用后，由于长度的增大、横截面积的减小以及电阻率的变化，而使电阻值发生

相应的变化。当金属电阻丝拉伸时，其电阻值增加；当金属电阻丝被压缩时，电阻值减小。

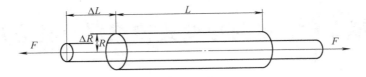

图 2-1 电阻应变效应示意图

具有初始电阻值 R 的应变片粘贴在弹性敏感元件的试件表面，试件受单向力引起表面应变，使电阻值发生相应的变化 ΔR，则在一定的应变范围内，应变片满足

$$\frac{\Delta R}{R} = K\varepsilon \tag{2-2}$$

式中 K——应变片的灵敏度系数；

  ε——应变片的应变，其应变方向与主应力方向一致。

灵敏度系数 K 主要受两个因素影响：一个是应变片受力后，其几何尺寸的变化；另一个是应变片受力后，其电阻率发生的变化。

2.1.2 应变片分类

应变片根据材料的不同可分为金属应变片和半导体应变片两大类，应变片在实际应用中最常用的是金属应变片中的丝式电阻应变片、箔式电阻应变片，如图 2-2 所示。

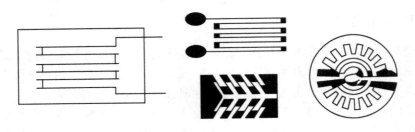

a) 丝式应变片   b) 箔式应变片

图 2-2 常见的金属应变片

电阻应变片虽然种类繁多、形式各异，但从基本结构上来看大同小异。

1. 金属丝式应变片

如图 2-3a 所示，金属丝式应变片主要由敏感栅、基底、覆盖层和引出线构成。

敏感栅是应变片主要的核心部分，它主要的作用是感应应变的大小变化，敏感栅是由直径 0.015 ~ 0.05mm 的电阻丝平行排列而成的，敏感栅粘贴在具有绝缘作用的基底上，覆盖层则固定敏感栅的电阻丝以及引线的位置，也起到对敏感栅的保护作用。图 2-3b 中 L 表示栅长，b 表示栅宽，其中应变片感应到应变的准确度与栅长 L 有关。金属丝式应变片因其制作简单，价格便宜，而且性能比较稳定而被广泛应用在检测领域。

需要注意的是，应变片的灵敏度系数 K 与敏感栅上电阻丝的灵敏度系数 K_0 是不相等的，实际上 $K < K_0$，这是因为应变在传递的过程中，由于敏感栅的形状和结构不同、敏感栅的制

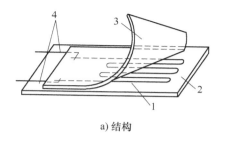 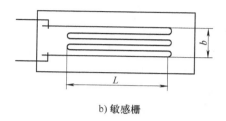

a) 结构　　　　　　　　　　　　　　　b) 敏感栅

图 2-3　金属丝式应变片

1—敏感栅　2—基底　3—覆盖层　4—引出线

作工艺及各部分的性能影响所造成的。

2. 金属箔式应变片

箔式应变片是采用光刻腐蚀的方法制成很薄的金属薄栅（一般厚度在 0.003 ~ 0.01mm 之间），金属箔式应变片与金属丝式应变片的结构大致相同，如图 2-4 所示，但箔式应变片的表面积和截面积之比大，散热性能好，在相同截面的情况下能通过较大电流，而且可以根据需要加工成不同形状，便于批量生产。由于箔式应变片比丝式应变片更具优越性，目前逐渐有取代丝式应变片的趋势。

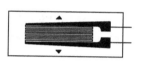 

图 2-4　箔式应变片

应变片能否准确地感应到弹性敏感元件所传递的应力，关键就是应变片的粘贴工艺是否合理。应变片的粘贴主要包括贴片处的表面处理、粘贴位置的确定、应变片的粘贴固化以及引出线的焊接等。

康铜是目前应用最广泛的应变片材料之一，它的优点如下：

（1）康铜的灵敏度系数比较稳定，在弹性变形范围内能保持常数；

（2）康铜的电阻温度系数较小且稳定；

（3）康铜的加工性能好，易于焊接。

2.2　电阻应变式传感器的测量电路

 **思考二：** 电子秤是怎样将压力的变化转换成电信号通过数码管输出显示的呢？应变片阻值的变化是怎样转换成电量的变化来测量力的大小呢？

1. 了解电桥的组桥方式、加减特性及其灵敏度；
2. 了解应变片的温度补偿方法。

2.2.1 电桥测量电路

常用的应变片灵敏度系数 K 很小，因此其电阻值变化的范围也很小，一般在 0.5Ω 以下，为了将这么小的电阻值变化测量出来，并将应变片电阻值的变化转换成电信号的输出，在应变式传感器中常用直流电桥来实现。

图 2-5 所示为直流电桥，R_1、R_2、R_3、R_4 分别为电桥桥臂上的四个电阻，U_i 为电桥的输入电压，U_o 为电桥的输出电压。

以电阻 R_1、R_2、R_3、R_4 作为 4 个桥臂组成桥路。当电桥输出端开路时，电桥输出电压为

$$U_o = \frac{R_1 R_3 - R_2 R_4}{(R_1 + R_2)(R_3 + R_4)} U_i \qquad (2-3)$$

当电桥满足 $R_1 R_3 = R_2 R_4$ 时，电桥的输出电压 U_o 为零，$R_1 R_3 = R_2 R_4$ 被称为直流电桥平衡的条件。

若电桥桥臂上的任意一个电阻的电阻值发生变化，则电桥将失去原有的平衡，电桥的输出电压 U_o 将不再为零，而是根据电阻值的变化而改变，这样就实现了将电阻的变化转换为电信号的输出。

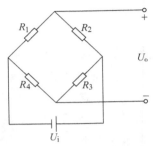

图 2-5 直流电桥电路

根据直流电桥桥臂上各个电阻变化情况的不同，大致上可分为单臂电桥、双臂电桥以及全桥。

1. 单臂电桥

如图 2-6 所示，单臂电桥就是以其中一个电阻 R_1 作为应变片，其余的电阻为固定电阻值，当电桥工作时，R_1 的电阻值发生变化影响电桥的平衡，此时电桥的输出电压 U_o 为

$$U_o = \frac{U_i}{4} \frac{\Delta R_1}{R_1} = \frac{U_i}{4} K\varepsilon \qquad (2-4)$$

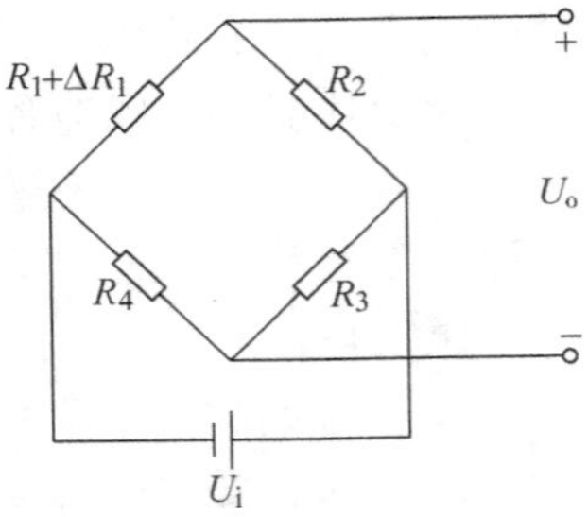

2. 双臂电桥

双臂电桥分为双臂相邻臂电桥和双臂相对臂电桥，如图 2-7a 所示的双臂相邻臂电桥就是以 R_1、R_2 为应变片，其余电阻为固定电阻值，当电桥工作时，R_1、R_2 的电阻值发生变化影响电桥的平衡，此时电桥输出电压 U_o 为

图 2-6 单臂电桥

$$U_o = \frac{U_i}{4}\left(\frac{\Delta R_1}{R_1} - \frac{\Delta R_2}{R_2}\right) = \frac{U_i}{4} K(\varepsilon_1 - \varepsilon_2)$$

当 R_1、R_2 为相反性质的应变且大小相等时，输出电压为

$$U_o = \frac{U_i}{2} K\varepsilon$$

图 2-7b 中双臂相对臂电桥是以 R_1、R_3 为应变片，其余电阻为固定电阻值，当电桥工作时，R_1、R_3 的电阻值发生变化影响电桥的平衡，此时电桥输出电压 U_o 为

$$U_o = \frac{U_i}{4}\left(\frac{\Delta R_1}{R_1} + \frac{\Delta R_3}{R_3}\right) = \frac{U_i}{4} K(\varepsilon_1 + \varepsilon_2)$$

当 R_1、R_3 为相同性质的应变且大小相等时，输出电压为

$$U_o = \frac{U_i}{2} K\varepsilon \tag{2-5}$$

3. 全桥

如图 2-8 所示的全桥是电桥的四个桥臂上的电阻 R_1、R_2、R_3、R_4 同为应变片，当电桥工作时，R_1、R_2、R_3、R_4 同时随被测量的变化而变化，全桥的输出电压 U_o 为

$$U_o = \frac{U_i}{4}\left(\frac{\Delta R_1}{R_1} - \frac{\Delta R_2}{R_2} + \frac{\Delta R_3}{R_3} - \frac{\Delta R_4}{R_4}\right)$$

此时若各个桥臂上的应变片灵敏度都相同，则

$$U_o = \frac{U_i}{4} K(\varepsilon_1 - \varepsilon_2 + \varepsilon_3 - \varepsilon_4) \tag{2-6}$$

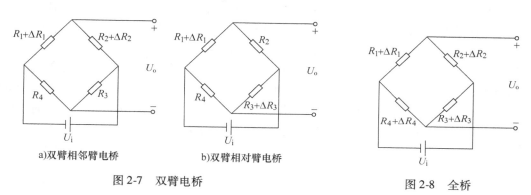

a)双臂相邻臂电桥　　　　b)双臂相对臂电桥

图 2-7　双臂电桥　　　　　　　　　　图 2-8　全桥

式（2-6）被称为电桥加减特性，根据电桥的加减特性，为提高测量灵敏度，相同性质的应变应接在电桥对臂，相反性质的应变应接在电桥邻臂。习惯上规定，若是压应变，则 ε 为负，若是拉应变，则 ε 为正。

设电桥的桥臂上四个应变片工作时应变的大小相等，则全桥输出电压为

$$U_o = U_i K\varepsilon \tag{2-7}$$

由上面可以看出全桥输出电压是双臂电桥的 2 倍，是单臂电桥的 4 倍。

4. 电桥的灵敏度

电桥的灵敏度 S_u 是单位电阻变化率所对应的输出电压的大小

$$S_u = U_o \left/ \left(\frac{\Delta R}{R}\right)\right. = \frac{U_i}{4}\left(\frac{\Delta R_1}{R_1} - \frac{\Delta R_2}{R_2} + \frac{\Delta R_3}{R_3} - \frac{\Delta R_4}{R_4}\right)\left/\frac{\Delta R}{R}\right.$$

设 $n = \left(\dfrac{\Delta R_1}{R_1} - \dfrac{\Delta R_2}{R_2} + \dfrac{\Delta R_3}{R_3} - \dfrac{\Delta R_4}{R_4}\right)\left/\dfrac{\Delta R}{R}\right.$，则有

$$S_u = n\frac{U_i}{4} \tag{2-8}$$

式中　n——工作臂系数。

由式（2-8）可以看出当电桥的输入电压 U_i 一定，电桥的灵敏度 S_u 与工作臂系数 n 成正比，工作臂系数越大，电桥灵敏度越高。由图 2-8 不难看出，在全桥中，当 R_1、R_3 工作臂被拉伸，R_2、R_4 被压缩时，工作臂系数 n 最大，电桥的灵敏度最高。在实际的工作中，

要利用电桥的加减特性合理组桥来增加电桥的灵敏度。

在实际的测量电路中，应变片的电阻值除了受到应力的作用而改变外，还会受到温度的影响而改变，这样就会给测量的结果带来误差，由于温度的影响而带来的误差，我们称为温度误差，温度误差主要来源于电阻温度系数的影响和试件材料与电阻丝材料的线膨胀系数。

2.2.2　温度补偿

为了避免温度误差给结果带来的影响，使测量的结果更准确，可以采用温度补偿，应变片的温度补偿一般有两种方法：电桥补偿法和自补偿法。

1. 电桥补偿法

电桥补偿法是依据电桥的工作原理来实现的，在一个平衡电桥，如图 2-9a 中 R_1 为工作应变片，R_B 为补偿应变片，R_1 和 R_B 分别是电阻温度系数、线膨胀系数、应变灵敏度系数以及初始电阻值都相同的应变片，且处于同一温度场中，R_1 粘贴在试件的测试点上，R_B 粘贴在材料、温度与试件相同的某补偿件上，且该试件的应变为零，即 R_B 无应变。

当电桥正常工作时，R_1 除了受到应变力的作用发生变形外，还受到温度对它的影响而使电阻值发生变化，这时 R_B 的电阻值也因同时受到温度的影响而改变，其电阻值改变的大小与 R_1 电阻值受温度影响而改变的大小相等，刚好补偿了 R_1 带来的温度误差，此时可以看出电桥的输出电压没有发生变化，只与被测试件的应变有关。

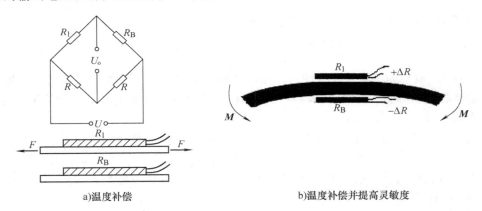

a)温度补偿　　　　　　　　　　　　　　b)温度补偿并提高灵敏度

图 2-9　电桥补偿法

在某些情况下，可以比较巧妙地安装应变片从而不需补偿片就能提高灵敏度。

如图 2-9b 所示测量梁的弯曲应变时，将两个应变片分贴于上下两面对称位置，R_1 与 R_B 特性相同，而感受到应变的性质相反，一个感受拉应变，另一个感受压应变。将 R_1 与 R_B 按图 2-9a 所示接入电桥相邻两臂，根据电桥加减特性（如式 2-6），电桥输出电压比单片时增加 1 倍。

当梁上下面温度一致，R_B 与 R_1 可起温度补偿作用。

电桥补偿法简易可行，使用普通应变片即可对各种试件材料在较大温度范围内进行补偿，因而最为常用。

电桥补偿法中，若要实现完全补偿，应注意以下四个条件：

（1）在工作过程中，必须保证除 R_1，R_B 以外的 2 个电阻值相等。

（2）工作应变片和补偿应变片必须处于同一温度场中。

（3）工作应变片和补偿应变片必须具有相同的电阻温度系数、线膨胀系数、应变灵敏度系数和初始电阻值。

（4）用来粘贴工作应变片、补偿应变片的材料必须一样，补偿件材料与被测试件材料的线膨胀系数也必须相同。

2. 自补偿法

自补偿法是利用自身具有温度补偿作用的应变片来实现的，这样的应变片也称为温度自补偿应变片。要实现温度自补偿必须满足如下关系式：

$$\alpha + K_0(\beta_g - \beta_s) = 0 \qquad (2\text{-}9)$$

式中　α——敏感栅的电阻温度系数；

　　　K_0——灵敏度系数；

　　　β_g——线膨胀系数。

当 β_g 已知时，只要其他参数满足式（2-9），则无论温度如何变化都会有 $\Delta R_t = 0$，从而达到温度自补偿的目的。

2.3　电阻应变式传感器的应用

1. 了解应变式测力与荷重传感器的结构和原理；
2. 了解应变式压力传感器的结构和原理；
3. 了解应变式加速度传感器的结构和原理。

2.3.1　应变式测力与荷重传感器

应变式测力与荷重传感器常见的结构有悬臂梁式、柱式和轮辐式等。

1. 悬臂梁式传感器

悬臂梁式传感器有两种：一种为等截面梁，一种为等强度梁。

如图 2-10a 所示等截面梁的横截面处处相等，当外力作用在自由端时，固定端产生的应变最大，因此在离固定端较近的顺着梁长度的方向粘贴四个应变片 R_1、R_2（在上表面），R_3、R_4（在下表面），当梁受力由上向下时，R_1、R_2 受到拉应变，R_3、R_4 受到压应变，其应变的大小相等，方向相反组成差动电桥；当梁受力由下向上时，R_1、R_2 受到压应变，R_3、R_4 受到拉应变，也同样组成差动电桥来满足对力的测量。

如图 2-10b 所示等强度梁在顺着梁的长度方向上的截面按照一定的规律变化，当外力作用在自由端时，距作用点任何距离的截面上的应力都相等，因此等强度梁对应变片的粘贴位置要求并不严格。

悬臂梁式传感器具有结构简单，应变片容易粘贴，灵敏度高等特点。其外形如图 2-11 所示。

2. 柱式传感器

柱式传感器是称重测量中应用较为广泛的传感器之一，其结构和外形如图 2-12 所示。柱式传感器一般将应变片粘贴在圆柱表面的中心部分，如图 2-12a 所示 ，R_1、R_2、R_3、R_4

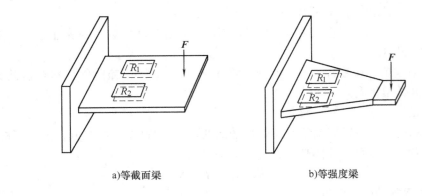

a)等截面梁　　　　　　　　　　　　b)等强度梁

图 2-10　悬臂梁式传感器

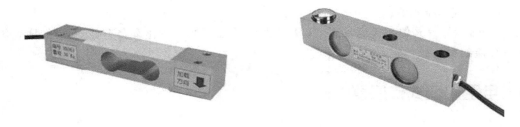

图 2-11　悬臂梁式传感器外形

纵向粘贴在圆柱表面，R_5、R_6、R_7、R_8则横向粘贴构成电桥，当电桥的一面受拉力时，则另一面受压力，此时电阻应变片的电阻值变化刚好大小相等，方向相反。横向粘贴的应变片不仅起到温度补偿作用，还可以提高传感器的灵敏度。

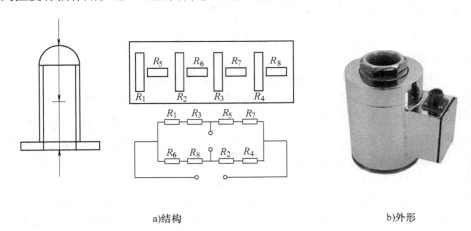

a)结构　　　　　　　　　　　　　　b)外形

图 2-12　柱式传感器

　　在传感器的实际工作中，往往力是不均匀地作用在柱式传感器上的，有可能与传感器的轴线成一定的角度，于是力就会在水平线上产生一定的分量，此时通常习惯在传感器的外壳上加两片膜片来承受这个力的水平分量。这样膜片既消除了横向产生的力，也不至于给传感器的测量带来很大的误差。

3. 轮辐式传感器

轮辐式传感器是一种剪切力传感器，其结构和外形如图2-13所示。

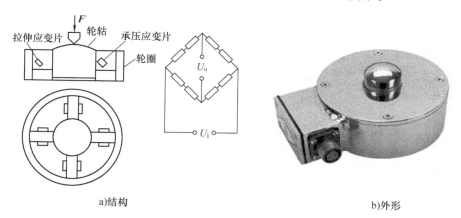

a)结构   b)外形

图2-13 轮辐式传感器

当力F作用在传感器上时，其下端的矩形辐条产生平行四边形的变形，辐条对角线缩短方向上粘贴的应变片受压力，对角线伸长方向上粘贴的应变片受拉力，每对轮辐上的受拉片与受拉片串联构成相邻臂电桥，有助于消除载荷偏心与输出的影响。

当侧向力作用时，若一根辐条被拉伸，则另一根相对的辐条被压缩，由于辐条的截面是相等的，因此粘贴在上面的应变片的电阻值变化是大小相等，方向相反，桥臂电阻值无变化，对输出电压无影响。

轮辐式传感器具有良好的线性特性；可以抵抗偏心和侧向力的影响；测量范围一般在$5 \times 10^3 \sim 5 \times 10^6 \mathrm{N}$。

2.3.2 应变式压力传感器

应变式压力传感器常见的结构有筒式、膜片式和组合式等。

1. 筒式压力传感器

筒式压力传感器结构与外形如图2-14所示，它的一端为不通孔（盲孔），另一端用法兰与被测系统连接，应变片粘贴在筒的外部弹性元件上，工作应变片1粘贴在筒的空心部分，温度补偿片2粘贴在筒的实心部分。工作时，图2-14a中筒空心的左边受到外界的压力，引起筒内空心部分的变形，使粘贴在上边的工作应变片发生变形，其电阻值发生变化而使原本由工作应变片和温度补偿片构成的电桥失去平衡，输出电压发生改变，而温度补偿片由于在实

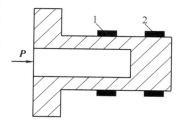

a)结构   b)外形

图2-14 筒式压力传感器

心部分，因此没有发生变形，刚好起到了温度补偿的作用。这种传感器的结构简单，适应性

强，通常用来测量 $10^4 \sim 10^7 \mathrm{Pa}$ 之间的压力。

2. 膜片式压力传感器

膜片式压力传感器的结构与外形如图 2-15 所示，它以周边固定的圆形金属平膜片作为弹性敏感元件，当膜片受到压力作用时，膜片的另一面产生径向应变 ε_r 和切向应变 ε_i，应变片 R_2、R_3 粘贴在负应变最大处，R_1、R_4 粘贴在正应变最大处，四个应变片组成全桥电路，这样既可以提高传感器的灵敏度，又起到了温度补偿的作用。膜片式压力传感器通常测量 $10^5 \sim 10^6 \mathrm{Pa}$ 的压力。

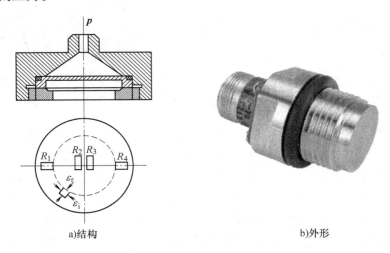

a)结构　　　　　　　　　　　　　　　b)外形

图 2-15　膜式片压力传感器

3. 组合式压力传感器

组合式压力传感器结构如图 2-16 所示。当压力作用于波纹管、波纹膜片或膜盒等弹性敏感元件上时，传感器内部的梁产生变形，应变片粘贴在梁的根部感受到弹性敏感元件传递的应变而使其电阻值发生变化。

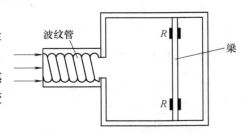

图 2-16　组合式压力传感器结构

这种传感器可以克服稳定性差，滞后较大的缺点，通常用于测量较小的压力。

2. 3. 3　应变式加速度传感器

应变式加速度传感器具有以下特点：精度高，测量范围广；使用寿命长，性能稳定可靠；结构简单，体积小，重量轻；频率响应较好，既可用于静态测量又可用于动态测量；价格低廉，品种多样，便于选择和大量使用。

应变式加速度传感器结构与外形如图 2-17a 所示，它由外壳 1、质量块 2、悬臂梁 3 和粘贴在悬臂梁上的应变片 4 构成。

当应变加速度传感器工作时，传感器外壳随被测体以一定的加速度 a 运动，质量块因为惯性保持相对静止，从而给悬臂梁一个与运动方向相反的作用力，使悬臂梁上的应变片感受应变而变形，其电阻值发生变化，电桥平衡被破坏，电桥输出电压。

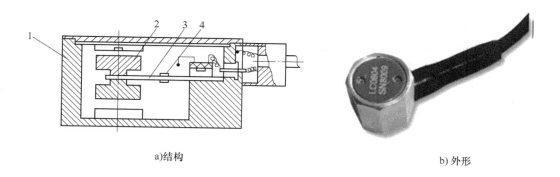

a)结构　　　　　　　　　　　　　　　　b) 外形

图 2-17　应变式加速度传感器
1—外壳　2—质量块　3—悬臂梁　4—应变片

本 章 小 结

本章主要介绍了应变片、测量电路以及部分应变式传感器的应用。

电阻应变式传感器的结构是由弹性元件、应变片和外壳。它是基于电阻应变效应的原理。电阻应变效应：导体或半导体材料在受到外力作用下而产生机械形变时，其电阻值也发生相应变化的现象。

应变片一般分为金属应变片和半导体应变片，金属应变片分为丝式和箔式。箔式应变片较丝式应变片有很多的优点，它已经开始逐渐取代丝式应变片。康铜为现在应用最广泛的应变片材料之一。

应变片的灵敏系数 K 与敏感栅上的电阻丝的灵敏系数 K_0 是不相等的。

测量电路的三种工作方式分别为单臂电桥、双臂（相邻、相对）电桥和全桥，其中全桥的灵敏度是最高的。温度补偿有电桥补偿法和自补偿法，采取温度补偿来消除温度给应变片带来的额外影响。

电阻应变式传感器的应用介绍了应变式测力和荷重传感器、应变式压力传感器和应变式加速度传感器的工作原理和应用。

复习与思考

1. 填空题

（1）电阻应变式传感器主要是由_____、_____和_____组成。

（2）金属丝式应变片主要由_____、_____、_____和_____构成。

（3）电桥测量电路有_____、_____和_____三种测量电路。

2. 简答题

（1）什么是电阻应变效应？

（2）简述金属丝式应变片的结构和特点。

（3）金属箔式应变片较丝式应变片有哪些优点？

（4）说明在什么情况下，直流电桥的灵敏度最高？

（5）要实现温度补偿，可以采用哪些方法？

（6）简述筒式压力传感器的工作原理。

第3章 电感式传感器及其应用

电感式传感器是应用电磁感应原理，以带有铁心的电感线圈为传感元件，把被测非电量变换为自感系数 L 或互感系数 M 的变化，再将 L 或 M 的变化接入测量电路，从而得到电压、电流或频率变化等，并通过显示装置得出被测非电量的大小。

因此，根据变换原理，电感式传感器可以分为自感式和互感式两大类。后一类目前应用极广，由于它是利用变压器原理，又往往做成差动形式，故常称为差动变压器式传感器。而人们习惯上讲的电感式传感器通常是指前一类自感式传感器。

3.1 自感式传感器及其应用

思考一： 自感式传感器主要应用就是作为位移传感器，可以直接对位移进行测量。你知道它们都是怎样实现自动变换的吗？

1. 了解自感式传感器的原理和结构；
2. 了解自感式传感器的测量电路；
3. 熟悉自感式传感器的应用。

3.1.1 原理和结构

1. 工作原理

常用的自感式传感器有变气隙式和螺线管式，下面分别予以介绍。

变气隙式自感传感器实质上就是一个带铁心的线圈，见表3-1。线圈1套在固定铁心2上，活动衔铁3与被测物相连，并与铁心保持一个初始气隙 δ，铁心材料通常选用硅钢片或坡莫合金。当缠绕在铁心2上的线圈1通过交变电流 i 时，线圈电感值 L 为

$$L = \frac{N^2 \mu_0 S_0}{2\delta} \tag{3-1}$$

式中 N——线圈匝数；

μ_0——空气隙的导磁系数，为 $4\pi \times 10^{-7}$（mH/mm）；

S_0——空气隙截面积（mm²）；

δ——空气隙的厚度（mm）。

由式（3-1）可知，电感 L 与气隙厚度 δ 的大小成反比，与气隙导磁面积 S_0 成正比。因此，自感式传感器常分为变气隙厚度式与变面积式。变气隙厚度式自感传感器只能工作在一段很小的区域，因而只能用于微小位移的测量；变面积式自感传感器灵敏度较前者小，是常数，因而线性较好，量程较大，适用于较大位移的测量，使用比较广泛。

螺管式自感传感器是另外一种较常用自感式传感器，它以线圈磁力线泄漏路径上的磁阻变化为基础的，在螺管线圈中插入一个活动衔铁，衔铁随被测对象移动，随着活动衔铁在线圈中插入深度的不同，将引起线圈磁力线路径上的磁阻发生变化，从而将被测量变换为电感L的变化。

螺管式自感传感器灵敏度较低，且衔铁在螺管中间部分工作时，才有希望获得较好的线性关系，但量程大且结构简单，易于制作和批量生产，是使用最广泛的一种自感式传感器，适用于较大位移或大位移的测量。

图3-1列出几种常见的自感式位移传感器外形图。

图3-1　几种常见的自感式位移传感器

2. 结构

自感式传感器使用时，线圈中一直通过电流，衔铁始终受到吸引力，会引起振动及附加误差；另外，外界的干扰如电源电压、频率和温度的变化都会使输出产生误差，所以，在实际工作中，常常采用两个完全相同的单个线圈的电感传感器共用一个活动衔铁，构成差动式传感器（它要求两个导磁体的几何尺寸、材料性能完全相同，两个线圈的电气参数如电感、匝数、电阻、分布电容等和几何尺寸都完全相同），其结构示意图见表3-1，将活动衔铁置于两个线圈的中间，当衔铁移动时，两个线圈的电感产生相反方向的增减，然后利用后面介绍的测量电路（电桥电路），将两个电感接入电桥相邻的桥臂，这样可以获得比单个工作方式更高的灵敏度和更好的线性度。而且，对外界影响，如温度的变化、电源频率的变化等也基本上可以互相抵消，衔铁承受的电磁吸力也较小，从而减小了测量误差。

表3-1　自感式传感器结构示意图

传感器类型	单线圈式	差动式
变气隙厚度式	δ　x 1—线圈　2—铁心　3—衔铁	3 1　2 1—线圈　2—铁心　3—衔铁

（续）

传感器类型	单线圈式	差动式
变面积式	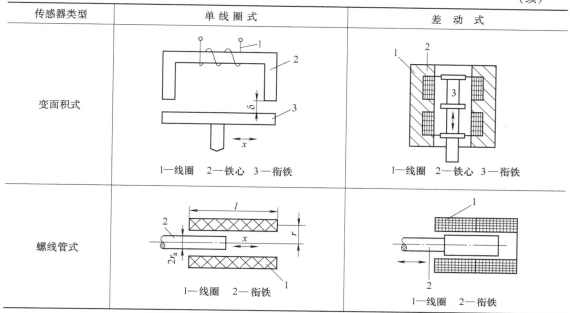　1—线圈　2—铁心　3—衔铁	1—线圈　2—铁心　3—衔铁
螺线管式	1—线圈　2—衔铁	1—线圈　2—衔铁

3.1.2 测量电路

自感式传感器测量电路的作用，是将自感式传感器电感量的变化变换成电压或电流信号，以便送入放大器进行放大，然后用仪表指示出来或记录下来。对差动式自感传感器通常采用交流电桥电路。交流电桥多采用双臂工作形式，通常将传感器作为电桥的两个工作臂，电桥的平衡臂可以是变压器的二次绕组。

1. 变压器式电桥电路

（1）原理。电桥电路如图 3-2 所示。电桥的两臂 Z_1 和 Z_2 为差动电感传感器的两个线圈阻抗（为电感 L 和导线电阻 R 的串联），另两臂为电源变压器的二次绕组，输出电压 $\dot{U}_o$ 取自 A、B 两点，则 A、B 两点电位差即输出电压 $\dot{U}_o$ 为

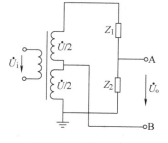

图 3-2　电桥电路

$$\dot{U}_o = \dot{U}_a - \dot{U}_b = \frac{\dot{U}}{2} \frac{Z_2 - Z_1}{Z_1 + Z_2} \tag{3-2}$$

当传感器的衔铁处于中间位置时，两线圈的电感相等，若两线圈绕制十分对称，则阻抗也相等，即 $Z_1 = Z_2 = Z$，代入式（3-2），则得 $\dot{U}_o = 0$，此时，电桥平衡，没有输出电压。

当衔铁向下移动时，下面线圈的阻抗增加，即 $Z_2 = Z + \Delta Z$，而上面线圈的阻抗减小，即 $Z_1 = Z - \Delta Z$，将此关系式代入式（3-2）得

$$\dot{U}_o = \frac{\dot{U}_i}{2} \frac{\Delta Z}{Z} \tag{3-3}$$

式（3-3）说明，衔铁移动时电桥不平衡，有电压信号输出。

同理，当衔铁向上移动时，则有

$$\dot{U}_{\circ} = -\frac{\dot{U}_{i}}{2}\frac{\Delta Z}{Z} \qquad (3-4)$$

把式（3-3）和式（3-4）相比较，两者大小相等，方向相反。由于电源电压是交流，所以若在转换电路的输出端接上普通交流电压表时，其输出值只能反应衔铁位移的大小，而不能反应移动的极性。

（2）零点残余电压及其消除方法。如图3-2所示的测量转换电路在实际工作中还存在一种称为零点残余电压的影响。当活动衔铁位于中间位置时，可以发现，无论怎样调节衔铁的位置，均无法使测量转换电路的输出为零，总有一个很小的输出电压（零点几个毫伏，有时甚至可达数十毫伏）存在，这种衔铁处于零点附近时存在的微小误差电压称为零点残余电压。

图3-3所示为测量电路的输出特性曲线，实线表示理想时的输出特性，虚线表示存在零点残余电压时的

输出特性，图中的 $\dot{U}_{r}$ 就是零点残余电压。零点残余电压的存在，使传感器的输出特性在零点附近不灵敏，给测量带来误差，输入放大器内会使放大器末级趋向饱和，影响电路正常工作，因此该值的大小是衡量传感器性能好坏的重要指标。

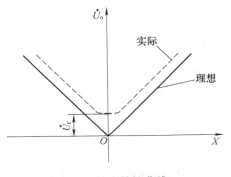

图3-3 输出特性曲线

清除零点残余电压的方法有

A. 提高框架和线圈的对称性，特别是两组线圈的对称；

B. 减小电源中的谐波成分；

C. 正确选择磁路材料，同时适当减小线圈的励磁电流，使衔铁工作在磁化曲线的线性区域；

D. 在线圈上并联阻容移相网络，补偿相位误差。

2. 带相敏整流的交流电桥

图3-4所示为一种带相敏整流器的电桥电路，电桥由差动式电感传感器 Z_1 和 Z_2 以及平衡阻抗 $Z_3 = Z_4$ 组成，$VD_1 \sim VD_4$ 构成了相敏整流器，桥的一个对角线接有交流电源 $\dot{U}$，另一个对角线为输出电压 $U_{\circ}$。

当衔铁处于中间位置时，$Z_1 = Z_2 = Z$，电桥平衡，$U_{\circ} = 0$。

若衔铁上移，Z_1 增大，Z_2 减小。如供桥电压为正半周，即 A 点电位高于 B 点，二极管 VD_1、VD_4 导通，VD_2、VD_3 截止。在 A—E—C—B 支路中，C 点电位由于 Z_1 增大而降低；在 A—F—D—B 支路中，D 点电位由于 Z_2 减小而增高。因此 D 点电位高于 C 点，输出信号为正。

如供桥电压为负半周，B 点电位高于 A 点，二极管 VD_2、VD_3 导通，VD_1、VD_4 截止。在 B—C—F—A 支路中，C 点电位由于 Z_2 减小而比平衡时降低；在 B—D—E—A 支路中，D 点电位则因 Z_1 增大而比平衡时增高。因此 D 点电位仍高于 C 点，输出信号仍为正。

同理可以证明，衔铁下移时输出信号总为负。

可见采用带相敏整流的交流电桥，输出电压大小反映了衔铁位移的大小，输出电压的极性代表了衔铁位移的方向。

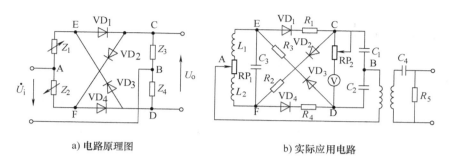

a) 电路原理图　　　　　　　b) 实际应用电路

图 3-4　带相敏整流的电桥电路

实际采用的电路如图 3-4b 所示。L_1、L_2 为传感器的两个线圈，C_1、C_2 为另两个桥臂。电桥供桥电压由变压器的次级提供。R_1、R_2、R_3、R_4 为四个线绕电阻，用于减小温度误差。C_3 为滤波电容，RW_1 为调零电位器，RW_2 为调倍率电位器，输出信号由中心为零刻度的直流电压表或数字电压表 V 指示。

3.1.3　应用

自感式传感器的特点是结构简单可靠、由于没有活动触点摩擦力较小、灵敏度高、测量精度较高，主要用于位移测量，凡是能转换成位移变化的参数，如力、压力、压差、加速度、振动、工件尺寸等均可测量。

1. 测压力

变气隙厚度式自感传感器测压力的原理如图 3-5 所示。衔铁固定在膜盒的中心位置上，当把被测压力 p 引入膜盒时，膜盒在被测压力 p 的作用下产生与压力 p 大小成正比的位移，于是衔铁也随之移动，从而改变衔铁与铁心

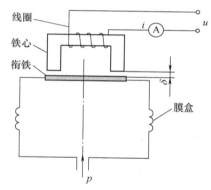

图 3-5　自感式测压力传感器示意图

间的气隙 δ，即改变了磁路中的磁阻，这样铁心上的线圈的电感 L 也发生了变化。如果在线圈内的两端加以恒定的交流电压 u，则电感 L 的变化将反映为电流 i 值的变化。因此，可以从线路中的电流值 i 来度量膜盒上所感受的压力 p。

在实际使用中，总是将两个自感式传感器组合在一起，组成差动式自感传感器，如差动自感式压力传感器。

2. 测位移

变气隙厚度式自感测微计原理图如图 3-6 所示。它采用差动结构，当工件的厚度变化

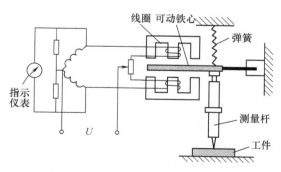

图 3-6　自感式测微计原理图

时，引起测量杆上下移动，带动可动铁心产生位移，从而改变了气隙厚度，使线圈的电感量发生变化。因此，电桥就有不平衡电流输出，由指示仪表指示。这种测微计的动态测量范围为 ± 1 mm，分辨率为 1μm，精度为 3%。

3.2 差动变压器及其应用

 **思考二：** 差动变压器应用很广泛，它不仅直接用于测量位移，还可用作测量振动、应变、厚度、张力、压力、重量、流量、液位等非电量。这种传感器具有灵敏度高、测量精度高、测量范围广、稳定性好、制造简单、安装使用方便等优点。你知道它是怎么工作的吗？

1. 了解差动变压器的结构和原理；
2. 了解差动变压器的测量电路；
3. 熟悉差动变压器的应用。

3.2.1 结构和原理

差动变压器是互感式差动电感传感器，它把被测量的变化转换为传感器互感系数 M 的变化，其实质上就是一个输出电压可变的变压器。

如图 3-7 所示，差动变压器主要由衔铁、线圈（包括一个一次绕组和两个二次绕组）等组成。在它的一次绕组中加入交流电压后，其二次绕组就会产生感应电压信号。

一、二次绕组间的耦合程度随着衔铁的移动而变化，即绕组间的互感随被测位移改变而变化，当互感有变化时，感应电压也相应地产生变化。由于在使用时采用两个二次绕组反向串接，以差动方式输出，故把它称为差动变压器式电感传感器，通常简称为差动变压器。它的结构分为变隙式和螺管式两种，目前应用最广泛的是螺管式差动变压器。

螺管式差动变压器主要由一个线框和一个活动衔铁组成，在线框上绕有一组初级线圈作为激励线圈（称一次绕组），在同一线框上另绕两组次级线圈作为输出线圈（称二次绕组），并在线框中央圆柱孔中放入活动衔铁，如图 3-7 所示。当差动变压器工作在理想情况下时，其等效电路如图 3-8 所示。

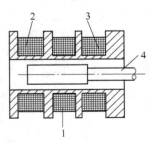

图 3-7 差动变压器结构示意图
1——次绕组 2、3—二次绕组 4—衔铁

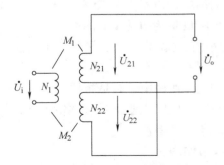

图 3-8 差动变压器的等效电路

它具有一个一次绕组 N_1 和两个相互对称的二次绕组 N_{21}、N_{22}。

当没有位移时，传感器的衔铁处于中间位置，$\dot{U}_{21} = \dot{U}_{22}$，由于二次绕组串联反接，所以 $\dot{U}_\circ = \dot{U}_{21} - \dot{U}_{22} = 0$，没有输出电压。

当衔铁向上移动时，N_1 与 N_{21} 之间的互感增大，$\dot{U}_{21} > \dot{U}_{22}$，$\dot{U}_\circ = \dot{U}_{21} - \dot{U}_{22} > 0$，差动变压器输出电势与输入电压 $\dot{U}_i$ 同相，输出电压波形如图 3-9b 所示。

同理，当衔铁向下移动时，$\dot{U}_\circ = \dot{U}_{21} - \dot{U}_{22} < 0$，差动变压器输出电势与输入电压 $\dot{U}_i$ 反相，输出电压波形如图 3-9c 所示。

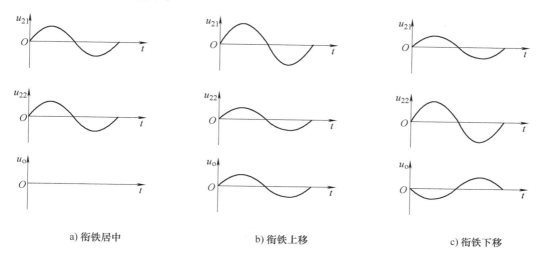

a) 衔铁居中　　　　　　　　　b) 衔铁上移　　　　　　　　　c) 衔铁下移

图 3-9　差动变压器的工作波形

由上可知，差动变压器输出电压的大小与极性反映了被测位移的大小和方向。但由于输出电压是交流分量，若用交流电压表来测量时无法判别衔铁移动的方向，为此常用差动相敏检波电路和差动整流电路来解决。

3.2.2 测量电路

1. 差动相敏检波电路

既能检出调幅波包络的大小，又能检出包络极性的检波器称为差动相敏检波电路，简称相敏检波电路，并称解调器，如图 3-10 所示。

输入信号 u_2（即差动变压器输出的调幅波）通过变压器 T_1 加入环形电桥的一个对角线，解调信号（即参考信号或标准信号）$u_\circ$ 通过变压器 T_2 加入环形电桥的另一个对角线，输出信号 u_L 从变压器 T_1 和 T_2 的中心抽头引出。平衡电阻 R 起限流作用，R_L 为检波电路的负载。解调信号 $u_\circ$ 的幅值要远大于输入信号 u_2 的幅值，以便有效地控制四个二极管的导通状态。

通过图 3-10 所示的波形可以看出，相敏检波电路输出电压 u_L 的变化规律充分反映了被测位移的变化规律，即 u_L 的值反映了位移 Δx 的大小，而 u_L 的极性则反映了位移 Δx 的方向。

2. 差动整流电路

差动变压器比较常用的测量电路还有差动整流电路，如图 3-11 所示。

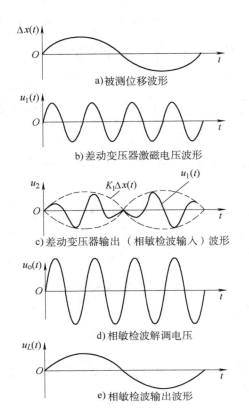

a) 被测位移波形

b) 差动变压器激磁电压波形

c) 差动变压器输出（相敏检波输入）波形

d) 相敏检波解调电压

e) 相敏检波输出波形

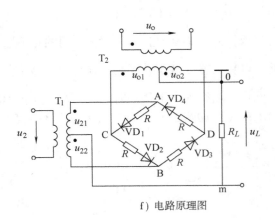

f) 电路原理图

图 3-10　差动相敏检波电路

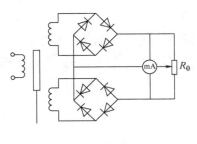

a) 全波电流输出

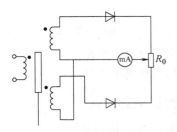

b) 半波电流输出

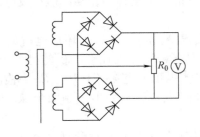

c) 全波电压输出

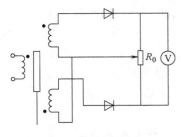

d) 半波电压输出

图 3-11　差动整流电路

这种电路结构简单，把两个二次电压分别整流后，以它们的差为输出，由于电路中设有可调电阻调零输出电压，所以二次电压的相位和零点残余电压都不必考虑。

图3-11a和图3-11b用于联结低阻抗负载的场合，是电流输出型。图3-11c和图3-11d用于联结高阻抗负载的场合，是电压输出型。当远距离传输时，将此电路的整流部分放在差动变压器的一端，整流后的输出线延长，就可以避免感应和引出线分布电容的影响，效果较好，因而得到广泛应用。

3.2.3 应用

差动变压器式传感器具有测量精度高、稳定性好、制造简单、安装使用方便、线性范围可达 ±2mm 等优点，被广泛应用于位移、加速度、液位、振动、厚度、应变、压力等各种物理量的测量。

1. 测加速度

图3-12所示是差动变压器式加速度传感器的示意图。测量时，传感器与被测物体挂在一起。物体振动加速度 a 会引起衔铁的位移，从而引起互感的变化，通过测量电路转换为输出电压的变化，输出电压的变化就反映了加速度的变化。由于采用悬臂梁弹性支撑，当被测物体振动时，传感器的输出电压将与振动加速度成正比，再经检波和滤波电路处理后便可推动指示仪表或记录器。

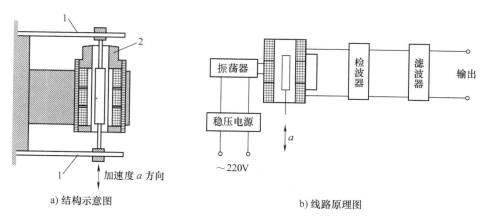

a) 结构示意图   b) 线路原理图

图3-12 差动变压器式加速度传感器
1—悬臂梁 2—加速度传感器

由于受衔铁质量及弹簧刚度的限制（为保证灵敏度，弹性支撑的刚度不能太大），应用时要注意用于测定振动物体的频率和振幅时其激磁频率必须是振动频率的十倍以上，才能得到精确的测量结果。可测量的振幅为 0.1 ~ 5mm，振动频率为 0 ~ 150Hz。

2. 测液位

图3-13所示是差动变压器式液位传感器的示意图，该方法适用于导电液体的液位测量。当液体变化时，作用于浮筒上的液体浮力在变化，通过测量弹簧线性地转换为差动变压器衔铁的位移，即浮筒位置反映液位 h 值，它决定了衔铁在线圈中的位置，衔铁的变化使得电感元件的互感变化，将该变化量送往测量转换电路转换为输出电压的变化，输出电压的变化就反映了液位的变化，即可得到相应的液位数值。

使用时要注意：对于不同的液体介质，因为浮力不一，所以需重新标定或更换浮筒。

3. 测位移

LVDT 位移传感器如图 3-14 所示，LVDT 位移传感器由同心分布在线圈骨架上的一个一次线圈 N_1，两个二次线圈 N_2 和 N_3 组成，线圈组件内有一个可自由移动的杆装铁心。

当铁心在线圈内移动时，改变了空间的磁场分布，从而改变了一次、二次线圈之间的互感 M，当一次线圈供给一定频率的交变电压时，二次线圈就产生了感应电动势。

随着铁心的位置不同，二次线圈产生的感应电动势也不同，这样，就将铁心的位移变成了电压信号输出。为了提高传感器灵敏度，改善线性度，实际工作

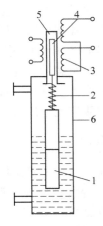

图 3-13　差动变压器式液位传感器
1—沉筒　2—测量弹簧　3—线圈
4—衔铁　5—密封隔离管　6—沉筒室壳体

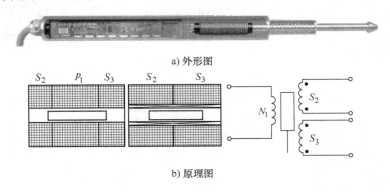

a) 外形图

b) 原理图

图 3-14　LVDT 位移传感器

时是将两个二次线圈反串接，故两个二次线圈电压极性相反，传感器的输出是两个二次线圈的电压之差，其电压差值与位移成线性关系。

 温馨提示

（1）夹持传感器壳体时应避免松动，但也不可用力太大、太猛；传感器测杆应与被测物垂直接触。请别让活动的铁心和测杆受大的侧向力而造成变形弯曲，否则会严重影响测杆的活动灵活性。

（2）安装传感器时应调节（挪动）传感器的夹持位置，使其位移变化不超出测量范围，即通过观测位移读数，使位移在预定的变化内，信号输出不超出额定范围。

（3）若发现测杆受灰尘或油污粘连而造成活动发涩，可用酒精棉擦拭、清洁测杆，但传感器不可随意拆卸，以免损坏或降低测量精度。

（4）正式开始测量前插上传感器，并开机预热，待读数稳定后再开始测量。

（5）只适用于低频静态信号测量，不宜用于高频动态信号测量。这是由于传感器中具

有一定质量的铁心（衔铁）不能做快速变向运动的缘故。

3.3　电涡流式传感器及其应用

思考三： 电涡流式传感器是一种建立在什么基础上的传感器呢？

1. 了解电涡流式传感器的结构和原理；
2. 了解电涡流式传感器的测量电路；
3. 熟悉电涡流式传感器的应用；
4. 开阔视野：SIMATIC PXI 系列电感式接近开关。

3.3.1　结构和原理

电涡流式传感器是利用电涡流效应把被测量变化变换为传感器线圈阻抗 Z 的变化后再进行测量的一种装置。图 3-15 所示为几种常见的电涡流式传感器的外形图。电涡流式传感器可以对表面为金属导体的物体实现多种物理量的非接触测量，如位移、振动、厚度、转速、应力、硬度等，这种传感器也可以用于无损探伤或作为接近开关，因而在检测技术中是一种有发展前途的传感器。

a) 电涡流探头　　　　　　　b) 压力(液位)变送器　　　　　　c) 位移振动传感器

图 3-15　几种常见的电涡流式传感器

图 3-16 所示为电涡流式传感器的结构示意图。电涡流式传感器由探头、转接头、延伸电缆、前置器以及被测金属导体构成基本工作系统。

当通过金属导体中的磁通量发生变化时，就会在导体中产生感应电流，这种电流在导体中是自行闭合的，这就是所谓的电涡流。电涡流的产生必然要消耗一部分能量，从而使产生磁场的线圈阻抗发生变化，这一物理现象称为电涡流效应。其工作原理如图 3-17 所示。

高频（数兆赫以上）电压 $\dot{U}_1$ 施加于传感器线圈，产生交变电流 $\dot{I}_1$，由于电流的周期性变化，在线圈周围就产生一个交变磁场 H_1。如果在这一交变磁场的有效范围内没有被测金属物体靠近，则这一磁场能量会全部损失；当有被测金属导体靠近这一磁场，则在此金属导体表面产生感应电流，该电流在金属导体内是闭合的，称为电涡流。由于趋肤效应（交变磁场会在导体内部引起涡流，电流在导体横截面上的分布不再是均匀的，这时，电流将主要集中到导体表面的效应），高频磁场不能透过具有一定厚度的金属板，仅能作用于其表面的薄层内。由电磁理论可知，金属板表面感应的电涡流 i_2 也将产生一个新的磁场 H_2，H_2 与 H_1 的方向相反。由于磁场 H_2 的反作用使通电线圈的等效阻抗 Z 发生了变化。这一变化与金属导体电阻率 ρ、磁导率 μ、激磁电流频率 f 以及线圈与金属导体的距离 x 等因素有关。

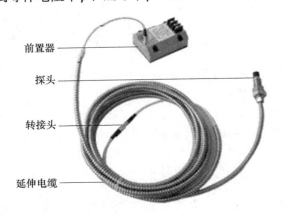

图 3-16　电涡流式传感器结构示意图

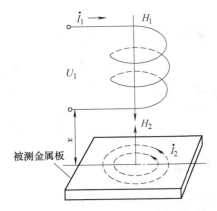

图 3-17　电涡流式传感器工作原理图

当改变其中的任意一个参数，同时保持其他参数不变，就能完成被测量变化至线圈阻抗 Z 变化的变换。当 x 为变量时，通过测量电路，可以将 Z 的变化转换为电压 U 的变化，从而做成位移、振幅、厚度、转速等传感器，也可做成接近开关、计数器等；若使 ρ 为变量，可以做成表面温度、电解质浓度、材质判别等传感器；若使 μ 为变量，可以做成应力、硬度等传感器，还可以利用 μ、ρ、x 变量的综合影响，做成综合性材料探伤装置，如电涡流导电仪、电涡流测厚仪、电涡流探伤仪等。

实际中当金属材料确定后，电涡流式传感器在金属导体上产生的涡流，其渗透深度仅与传感器励磁电流的频率有关。频率越高，渗透深度越小。所以，电涡流式传感器主要分为高频反射式和低频透射式两类，其基本工作原理是相似的，目前高频反射式电涡流传感器应用较为广泛。

3.3.2　测量电路

1. 电桥电路

电桥电路是将传感器线圈的阻抗变化转换为电压或电流的变化。图 3-18 所示是电桥法的原理图，一般用于由两个线圈组成的差动电涡流式传感器。

图 3-18 中线圈 A 和 B 为传感器，作为电桥的桥臂接入电路，它们分别与电容 C_1 和 C_2 并联，电阻 R_1 和 R_2 组成电桥的另两个桥臂。由振荡器来的 1MHz 振荡信号作为电桥电源。

起始状态，使电桥平衡。在进行测量时，由于传感器线圈的阻抗发生变化，使电桥失去平衡，将电桥不平衡造成的输出信号进行线性放大、相敏检波和低通滤波，就可得到与被测量成正比的直流电压输出。

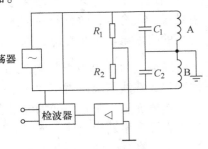

图 3-18　电桥法原理图

电桥电路主要用于两个电涡流线圈组成的差动式传感器。

2. 谐振电路

这种电路是将传感器线圈等效电感的变化转换为电压或电流的变化。传感器线圈与电容并联组成 LC 并联谐振回路。其谐振频率为

$$f_0 = \frac{1}{2\pi\sqrt{LC}} \tag{3-5}$$

当电感 L 发生变化时，回路的等效阻抗和谐振频率都将随 L 的变化而变化，因此可以利用测量回路阻抗的方法或测量回路谐振频率的方法间接测出传感器的被测量。

谐振电路主要有调幅法和调频法两种基本测量电路。

（1）调幅法

调幅法测量原理如图 3-19 所示。传感器线圈 L 和电容 C 组成并联谐振回路，由石英晶体振荡器提供高频激磁信号，因此稳定性较高。LC 回路的阻抗 Z 越大，回路的输出电压就越大。

图 3-19　调幅法测量原理图

（2）调频法

调频法测量原理如图 3-20 所示。调频式测量电路的原理是被测量变化引起传感器线圈电感的变化，而电感的变化导致振荡频率发生变化，从而间接反映了被测量的变化。

这里电涡流式传感器的线圈是作为一个电感元件接入振荡器中的。它包括电容三点式振荡器和射极输出器两个部分。为了减小传感器输出电缆的分布电容 C_x 的影响，通常把传感器线圈 L 和调整电容 C 都封装在传感器中，这样电缆分布电容的影响并联到大电容 C_2、

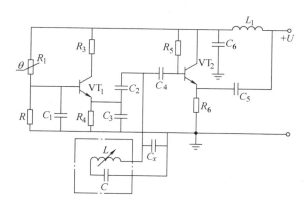

图 3-20　调频法测量原理图

C_3 上，因而对谐振频率的影响大大减小。它结构简单，便于遥测和数字显示。

3.3.3　应用

电涡流式传感器由于结构简单，又可实现非接触测量，且具有灵敏度高、抗干扰能力强、频率响应宽、体积小等优点，因此在工业测量中得到了越来越广泛的应用。

1. 高频反射式电涡流传感器测位移

高频反射式电涡流式传感器常用于位移测量。它的结构简单，主要由一个安置在框架上

的扁平线圈构成。此线圈可以粘贴于框架上，或在框架上开一条槽沟，将导线绕在槽内。图 3-21 所示为 CZF1 型涡流传感器的结构图，它采取将导线绕在聚四氟乙烯框架窄槽内，形成线圈的结构方式。

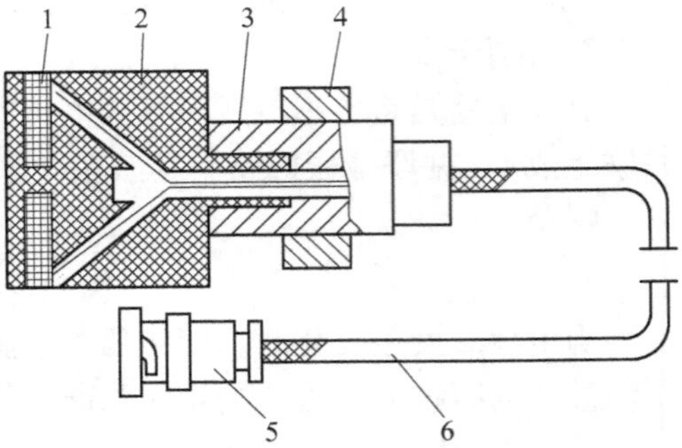

一般来说，被测物体的电导率越高，传感器的灵敏度也就越高。为了有效地利用电涡流效应，对于平板型的被测物体要求被测物体的半径应大于线圈半径的 1.8 倍，否则灵敏度会降低。当被测物体是圆柱体时，被测导体直径必须为线圈直径的 3.5 倍以上，灵敏度才不受影响。

图 3-21 CZF1 型电涡流式传感器
1—线圈 2—框架 3—衬套
4—支架 5—插头 6—电缆

2. 高频反射式电涡流传感器测厚度

高频反射式电涡流传感器还可用于测量金属板厚度和非金属板的镀层厚度。如图 3-22 所示是高频反射式电涡流测厚仪测试系统原理图。

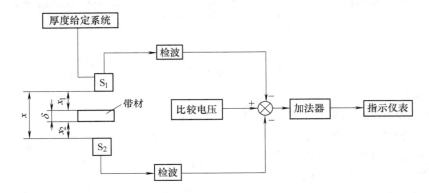

图 3-22 高频反射式电涡流测厚仪测试系统原理图

为了克服带材不够平整或运行过程中上下波动的影响，在带材的上、下两侧对称地设置了两个特性完全相同的电涡流式传感器 S_1、S_2，两者相距 x，S_1、S_2 与被测带材表面之间的距离分别为 x_1 和 x_2，预先通过厚度给定系统移动传感器的位置使 $x_1 = x_2 = x_0$。

若带材厚度不变，则被测带材上、下表面之间的距离总有 $x_1 + x_2 = 2x_0$（常数）的关系存在。因而两个传感器的输出电压之和为 $2U_0$ 数值不变。

如果被测带材厚度增加了一个量为 $\Delta\delta$，那么两个传感器与带材之间的距离也改变了一个 $\Delta\delta$，则被测带材上、下表面之间的距离为 $x_1 + x_2 = 2x_0 - \Delta\delta$，两个传感器输出电压此时为 $2U_0 - \Delta U$，ΔU 即表示了带材厚 $\Delta\delta$，经放大器放大后，通过偏差指示仪表电路即可指示出带材的厚度变化值。

带材厚度的给定是通过厚度给定系统来移动 S_1 传感器的水平位置进行的。对应不同厚度的被测带材总有 $x_1 = x_2 = x_0$ 的关系，使偏差指示为零。在实际测量中带材厚度给定值与偏差指示值的代数和就是被测带材的厚度。x_0 和 U_0 是分别给定的标准距离及标准距离对应的标准电压。

3. 低频透射式电涡流传感器测厚度

低频透射式电涡流传感器多用于测定材料厚度。这种传感器采用低频激励，因而有较大的贯穿深度，适合测量金属材料的厚度。

如图 3-23 所示为透射式电涡流传感器原理图。在被测金属板的上方设有发射传感器线圈 L_1，在被测金属板下方设有接收传感器线圈 L_2。当在 L_1 上加低频电压 u_1 时，L_1 上产生交变磁通 Φ_1，若两线圈间无金属板，则交变磁场直接耦合至 L_2 中，L_2 产生感应电压 u_2。如果将被测金属板放入两线圈之间，则 L_1 线圈产生的磁通将在金属板中产生电涡流。此时磁场能量受到损耗，到达 L_2 的磁通将减弱为 Φ，从而使 L_2 产生的感应电压 u_2 下降。金属板越厚，电涡流损失就越大，u_2 电压就越小。因此，可根据电压 u_2 的大小得知被测金属板的厚度。

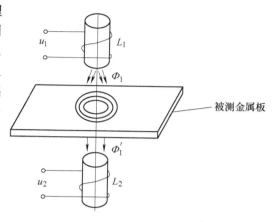

图 3-23 低频透射式电涡流传感器原理图

为了较好地进行厚度测量，激励频率应选得较低。频率太高，贯穿深度小于被测厚度，不利进行厚度测量，通常选 1kHz 左右。

一般地说，测薄金属板时，频率应高些，测厚金属板时，频率应低些。测量 ρ 较小的材料，应选较低的频率（如 500Hz），测量 ρ 较大的材料，应选用较高的频率（如 2kHz），从而保证在测量不同材料时能得到较好的线性和灵敏度。

4. 电涡流式转速传感器测转速

图 3-24 所示为电涡流式转速传感器工作原理图。在软磁材料制成的输入轴上加工一个或多个键槽或做成齿状，在距输入表面 d_0 处安装一个电涡流式传感器，输入轴与被测旋转轴相连。当被测旋转轴转动时，输出轴的距离发生 $d_0 + \Delta d$ 的变化。由于电涡流效应，这种变化将导致谐振回路的品质因数变化，使传感器线圈电感随 Δd 的变化也发生变化，它们将直接影响振荡器的电压幅值和振荡频率。因此，随着输入轴的旋转，从振荡器输出的信号中包含有与转速成正比的脉冲频率信号。该信号由检波器检出电压幅值的变化量，然后经整形电路输出脉冲频率信号 f_0 可以用频率计指示输出频率值，从而测出转轴的转速，其关系式为

$$n = \frac{60f}{N} \tag{3-6}$$

式中　n——被测轴的转速（r/min）；

　　　f——频率值（Hz）；

　　　N——轴上开的槽数。

5. 电涡流式传感器工程应用实例

见表 3-2。转速测量，对于所有旋转机械而言，都需要监测旋转机械轴的转速，转速是衡量机器正常运转的一个重要指标；穿透式测厚度，测量带材厚度；零件计数器，金属零件通过时计数；表面裂纹测量，进行非接触探伤。

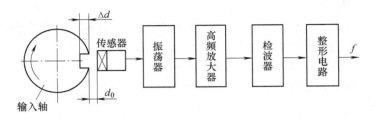

图 3-24　电涡流式转速传感器工作原理图

表 3-2　电涡流式传感器工程应用实例

转速测量	穿透式测厚度
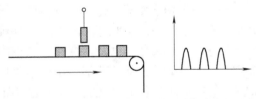	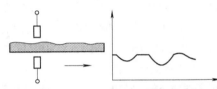
在旋转体上开一条槽，旁边安装一个电涡流式传感器。当被测旋转轴转动时，传感器周期地改变着与转轴之间的距离，于是它的输出也周期性地发生变化。监测系统可以监测到这种信号，从而测出转轴的转速	在被测金属板的上方设有发射传感器线圈，在被测金属板下方设有接收传感器线圈。金属板通过时会产生电涡流，金属板越厚，涡流损失就越大，电压就越小，监测系统可以监测到这种电压信号，就可确定被测金属板的厚度
零件计数器	表面裂纹测量
	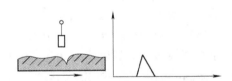
当有金属零件通过时，传感器检测到位移发生了变化，从而输出电压也相应突变，监测系统可以监测到这种信号，进行计数	传感器与被测导体保持距离不变，探测时如果遇到裂纹，导体电阻率和磁导率就发生变化，即引起电涡流流损耗改变，从而输出电压也相应突变。监测系统可以监测到这种变形信号，就可确定裂纹的存在和方位

👉 **温馨提示**

（1）被测表面尽量避免有电镀层，以防由于电镀层厚薄不均引起的测试误差。

（2）被测导体表面厚度一般取 0.2mm 以上，但铜、铝材料可取 0.7mm 以上。

（3）为保证传感器有一定的灵敏度，取被测导体表面直径为传感

器线圈直径的1.8倍以上，对圆柱体的被测体，其圆柱体直径以取线圈直径的3.5倍以上为易。

（4）用线圈本身未加屏蔽的传感器测试，在线圈周围三个线圈直径大小范围内，不允许有不属于测试的金属物体，以防产生干扰磁场影响测试结果。

阅读材料：SIMATIC PXI 系列电感式接近开关

在各类开关中，有一种对接近它的物件有"感知"能力的元件——位移传感器。利用位移传感器对接近物体的敏感特性达到控制开关通或断的目的，这就是接近开关。

电感式接近开关，又称无触点接近开关，是理想的电子开关量传感器，图3-25所示是这种接近开关的外形。当金属检测体接近此类开关的感应区域，开关就能无接触、无压力、无火花、迅速发出电气指令，准确反应出运动机构的位置和行程，即使用于一般的行程控制，其定位精度、操作频率、使用寿命、安装调整的方便性和对恶劣环境的适用能力，也是一般机械式行程开关所不能相比的。

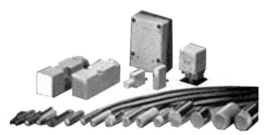

图3-25　接近开关外形

电感式接近开关是用于非接触检测金属物体的一种最具性价比的解决方案。它是利用导电物体在接近这个能产生电磁场的接近开关时，使物体表面产生涡流。这个涡流反作用到接近开关，使开关内部电路参数发生变化，由此识别出有无导电物体移近，进而控制开关的通断。接近开关所能检测的物体必须是导电体。当一个导体移向或移出接近开关时，信号就会自动变化。由于SIMATIC PXI系列电感式接近开关具有优秀的重复精度、可靠性极高、无磨损运行、耐温、噪声、防水、使用寿命长，所以应用领域极其广泛，如汽车工业、机械工程、机器人工业、输送机系统、造纸和印刷工业等。它的应用举例见表3-3。

表3-3　应用举例

识别断裂的钻头	识别轮上的固定螺钉以检查速度和方向
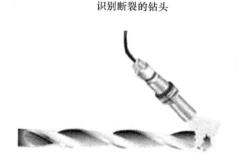	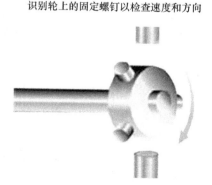

（续）

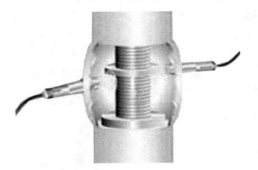

识别阀的位置（完全打开或关闭）

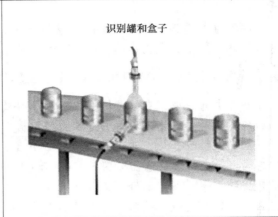

识别罐和盒子

本 章 小 结

电感式传感器是应用电磁感应的原理，以带有铁心的电感线圈为传感元件，把被测非电量变换为自感系数 L 或互感系数 M 的变化，再将 L 或 M 的变化接入测量电路，从而得到电压、电流或频率变化等，再通过显示装置得出被测非电量的大小。

电感式传感器可以分为自感式和互感式两大类。互感式又称为差动变压器式传感器。

自感式传感器是把被测量变化转换为传感器自感系数 L 的变化来实现的。它有三种类型：变气隙式、变面积式、螺管式电感传感器。测量转换电路通常采用交流电桥电路，但输出值只能反应衔铁位移的大小，而不能反应位移的极性，而且在实际工作中还存在零点残余电压的影响，所以采用一种带相敏整流的电桥电路。

差动变压器是把被测量变化转换为传感器互感系数 M 的变化来实现的，其实质上就是一个输出电压可变的变压器。测量转换电路是差动相敏检波电路和差动整流电路。

电涡流式传感器是一种建立在电涡流效应原理上的传感器。它是利用电涡流效应把被测量转换为传感器线圈阻抗 Z 变化而进行测量的一种装置。电涡流式传感器主要分为高频反射式和低频透射式两类。电涡流式传感器的测量转换电路是电桥电路和谐振电路。谐振电路主要有调幅法和调频法两种基本测量电路。

复习与思考

1. 填空题

（1）电感式传感器是利用被测量的变化引起线圈_____系数或_____系数的变化，从而导致线圈_____的改变这一物理现象来实现测量的。

（2）根据转换原理，电感式传感器可以分为_____和_____两大类。

（3）自感式传感器可以分为_____、_____和_____三种类型。

（4）差动变压器的工作原理类似变压器的工作原理，这种类型的传感器主要包括

_____、_____和_____等。

（5）_____的存在，使得差动变压器的输出特性在零点附近不灵敏，给测量带来误差，此值的大小是衡量差动变压器性能好坏的重要指标。

（6）电涡流式传感器是利用_____，将非电量的变化转换为阻抗的变化而进行测量。

（7）电涡流式传感器可以分为_____和_____两类。

2．选择题

（1）差动变压器是（　　　）传感器。

A．自感式　　　　　　　B．互感式　　　　　　　C．电涡流式

（2）低频透射式电涡流传感器进行厚度测量，频率通常选（　　　）左右。

A．1Hz　　　　　　　　B．1kHz　　　　　　　　C．1MHz

（3）差动变压器传感器的结构形式很多，其中应用最多的是（　　　）。

A．变间隙式　　　　　　B．变面积式　　　　　　C．螺管式

3．判断题

（1）自感式电感传感器的线圈电感量 L 与气隙厚度是非线性的，但与磁通截面积成正比，是一种线性关系。（　　　）

（2）电感式传感器采用带相敏整流的交流电桥，输出信号既能反映位移的大小又能反映位移的方向。（　　　）

（3）零点残余电压的大小是衡量差动变压器性能好坏的重要指标。（　　　）

（4）电涡流式传感器是利用电涡流效应，将非电量的变化转换为电阻的变化而进行测量的。（　　　）

4．简答题

（1）试述电感式传感器的变换原理？它分为几类？

（2）在自感式传感器中，螺管式自感传感器的灵敏度最低，为什么在实际应用中却应用最广泛？

（3）试述自感式传感器的结构、类型和工作原理？它的测量电路有哪些？可用于哪些方面的检测？

（4）什么是零点残余电压？产生的原因是什么？如何消除？

（5）试述差动变压器的结构和工作原理？它的测量电路有哪些？可用于哪些方面的检测？

（6）什么是电涡流？什么是电涡流效应？

第4章 电容式传感器及其应用

电容式传感器广泛应用于位移、振动、角度、加速度等机械量的精确测量，且逐步应用于压力、压差、液面、料面、成分含量等方面的测量。本章着重介绍电容式传感器的工作原理、基本类型及其应用。

4.1 电容式传感器

 **思考一**：在物理或电工基础课程里，我们都学过电容器方面的知识，可你还记得平板电容器的电容量 $C = \varepsilon A/d$ 这一公式吗？

1. 了解电容式传感器工作原理和外形；
2. 熟悉电容式传感器的基本类型。

4.1.1 工作原理和外形

电容式传感器是将被测非电量（如尺寸、压力等）的变化转换为电容量变化的一种传感器。实际上，它本身（或和被测物一起）就是一个可变电容器。该类型传感器具有零漂小、结构简单、动态响应快、易实现非接触测量等一系列优点，因而广泛应用于位移、角度、振动、速度、物位、压力、成分分析、介质特性等方面的测量，图4-1所示为几种常用电容式传感器的外形。

a) 压差变送器   b) 接近开关   c) 三轴加速度传感器   d) 物位开关

图4-1 几种常用电容式传感器的外形

电容式传感器的工作原理可以用图4-2所示的平板电容器来说明。电容式传感器实质上就是一个可变参数的电容器。

由物理学可知，两平行极板组成的电容器，如果不考虑边缘效应，其电容量为

$$C = \frac{\varepsilon A}{d} = \frac{\varepsilon_0 \varepsilon_r A}{d} \qquad (4\text{-}1)$$

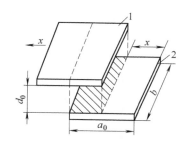

图4-2 平板电容器

式中　A——极板相互遮盖面积（m^2）；

　　　d——极板间的距离（又称极距）（m）；

　　　ε——极板间介质的介电常数（F/m）；

　　　ε_0——真空介电常数，$\varepsilon_0 = 8.85 \times 10^{-12}$（F/m）；

　　　ε_r——两极板间介质的相对介电常数，$\varepsilon_r = \varepsilon/\varepsilon_0$。

由式（4-1）可见，电容量 C 是 A、d、ε 的函数。如果保持其中两个参数不变，只改变其中一个参数，就可以把该参数的变化转换为电容量的变化，这就是电容式传感器的基本工作原理。

4.1.2　基本类型

在实际应用中电容式传感器有三种基本类型：变面积型、变极距型和变介电常数型。而根据它们的电极形状来区分又有平板形、圆柱形和球平面形（很少使用）三种。

1. 变面积型电容式传感器

图4-3所示为几种常见的变面积型电容式传感器的结构原理图。当定极板不动，动极板做直线位移或角位移运动时，两极板的相对面积发生改变，引起电容器电容量的变化。

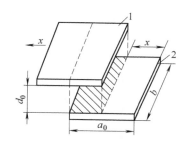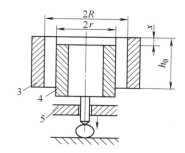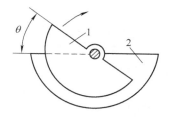

a) 平面形直线位移式　　　　　　b) 圆柱形直线位移式　　　　　　c) 角位移式

图4-3 变面积型电容式传感器结构原理图

1—动极板　2—定极板　3—外圆筒　4—内圆筒　5—导轨

图4-3a所示为平面形直线位移式电容传感器。其中 a_0 为极板长度，b 为极板宽度，d_0 为极距，x 为位移，对应电容量为

$$C_x = \frac{\varepsilon b(a_0 - x)}{d_0} = C_0\left(1 - \frac{x}{a_0}\right) \qquad (4\text{-}2)$$

式中　C_0——初始电容值，$C_0 = \varepsilon b a_0/d_0$。

图 4-3b 所示为圆柱形直线位移式电容传感器。外圆筒不动，内圆筒在外圆筒内作上、下直线运动。其中 R 和 r 分别为外、内圆筒的半径，h_0 为外筒高度，x 为位移，对应电容量为

$$C_x = \frac{2\pi\varepsilon(h_0 - x)}{\ln(R/r)} = C_0\left(1 - \frac{x}{h_0}\right) \tag{4-3}$$

式中 C_0——初始电容值，$C_0 = 2\pi\varepsilon h_0/[\ln(R/r)]$。

图 4-3c 所示为角位移式电容传感器。设两极间极距为 d，极板的面积为 A，角位移为 θ，对应电容量为

$$C_0 = \frac{\varepsilon A}{d}\left(1 - \frac{\theta}{\pi}\right) = C_0\left(1 - \frac{\theta}{\pi}\right) \tag{4-4}$$

式中 C_0——初始电容值，$C_0 = \varepsilon A/d$。

由式 (4-2)、式 (4-3)、式 (4-4) 可以看出，变面积型电容传感器的输出与输入呈线性关系，但灵敏度较低，适用于较大的直线位移和角位移的测量。

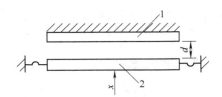

图 4-4 变极距型电容式
传感器结构原理图
1—定极板 2—动极板

2. 变极距型电容传感器

图 4-4 所示为变极距型电容式传感器的结构原理图。当动极板受到被测物作用位移改变时，极距 d 改变，引起电容器的电容量发生变化。设初始极距为 d_0，动极板移动距离为 x，对应电容量为

$$C_x = \frac{\varepsilon A}{d_0 - x} \tag{4-5}$$

由式 (4-5) 可知，电容量 C_x 与位移 x 之间不是线性关系。

在实际应用中，变极距型电容传感器，总是使初始极距 d_0 尽量小些，以提高灵敏度，但这带来了行程较小的缺点。另外，为了减小非线性、提高灵敏度和减少外界因素（如电源电压波动、外界环境温度）影响，变极距型电容式传感器常常做成差动结构。图 4-5 所示为差动变极距型电容式传感器结构示意图，未开始测量时将活动极板调至中间位置，两边电容相等。测量时，中间极板向上或向下垂直移动，就会引起电容器电容量的增减变化。

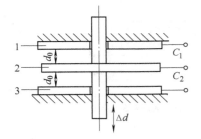

图 4-5 差动变极距型电容式
传感器结构示意图
1、3—定极板 2—动极板

3. 变介电常数型电容传感器

图 4-6 所示为变介电常数型电容式传感器的结构原理图。这种传感器大多用来测量电介质的厚度（如图 4-6a 所示）、位移（如图 4-6b 所示）、液位和流量（如图 4-6c 所示），还可根据极间介质的介电常数随温度、湿度、容量变化而发生的变化来测量温度、湿度、容量（如图 4-6d 所示）等。

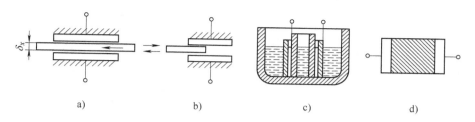

图4-6 变介电常数型电容式传感器结构原理图

 温馨提示

（1）根据应用场合选择合适类型的电容式传感器。

（2）当电极间存在导电物质时，电极表面应涂敷绝缘层（如0.1mm厚的聚四氟乙烯等），防止电极之间短路。

4.2 电容式传感器的测量转换电路

 **思考二：** 电容式传感器的输出电容值非常小（通常只有几皮法至几十皮法），不便直接显示、记录，更难以传输，怎么办呢？

1. 了解电容式传感器常用的测量转换电路；
2. 理解各种测量转换电路的转换原理。

4.2.1 桥式测量转换电路

如图4-7所示为桥式测量转换电路，在图4-7a中，变压器电源为高频电源（1MHz左右），C_x为电容式传感器，当电桥平衡时有如下关系：

$$\frac{C_1}{C_2} = \frac{C_x}{C_3}$$
(4-6)

显然此时输出电压 $U_o = 0$。当电容式传感器 C_x 变化时，$U_o \neq 0$，由此可测得电容的变化值。

在图4-7b中，相邻的两臂接入差动式电容传感器。空载时的输出电压为

$$U_o = -\frac{\Delta C}{C_0}U$$
(4-7)

式中 U——工作电压（V）；

C_0——电容式传感器平衡状态时的电容量（F）；

ΔC——电容式传感器的电容变化值（F）。

由式（4-9）可见差动接法的交流电桥，其输出电压 U_o 与被测电容的变化量 ΔC 之间呈

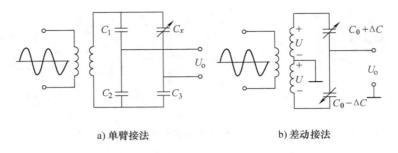

a) 单臂接法   b) 差动接法

图 4-7   桥式测量转换电路

线性关系。

4.2.2   运算放大器式测量转换电路

图 4-8 所示为运算放大器式测量转换电路，将电容式传感器接入运算放大器电路，作为电路的反馈元件。图中 U_i 为交流电源电压，C 为固定电容，C_x 为传感器电容，U_o 为输出电压。在运放开环放大倍数 A 和输入阻抗较大的情况下

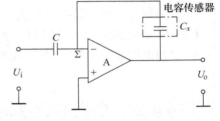

图 4-8   运算放大器式测量转换电路

$$U_o = -\frac{C}{C_x}U_i \qquad (4-8)$$

如果传感器为平板型电容器 $C_x = \varepsilon A/d$，则

$$U_o = -\frac{CU_i}{\varepsilon A}d \qquad (4-9)$$

式（4-9）中，U_o 与 d 呈线性关系，这表明运算放大器式测量转换电路能解决变极距型电容式传感器的非线性问题；此外，输出电压 U_o 还与 C 和 U_i 有关，因此，该电路要求固定电容必须稳定，电源电压必须采取稳压措施。

4.2.3   差动脉冲调宽测量转换电路

图 4-9 所示为差动脉冲调宽测量转换电路，它是用来测量差动式电容传感器输出电压的电路。

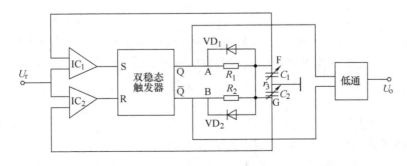

图 4-9   差动脉冲调宽测量转换电路

　　该电路的关键是利用对电容的充放电使电路输出脉冲的宽度随电容式传感器的电容量变化而变化，再经低通滤波器就可得到对应被测量变化的直流信号。

　　图4-9中，C_1、C_2为差动式电容传感器的两个电容，初始电容值相等，IC_1、IC_2为两个比较器，U_r为其参考电压，R_1、R_2为充电电阻，A、B、F、G为电压波形测试点。

　　初始时，$C_1 = C_2$，输出电压平均值为零。

　　测量时，若被测量使得$C_1 > C_2$，C_1的充电时间t_1大于C_2的充电时间t_2，经低通滤波后，得直流电压U_o，当$R_1 = R_2 = R$时，则有

$$U_o = \frac{C_1 - C_2}{C_1 + C_2} U_1 \tag{4-10}$$

式中　U_1——触发器输出的高电平值（V）。

　　显然输出电压U_o与电容量的差值成正比。与电桥电路相比，该电路只采用直流电源，不需要振荡器，只要配一个低通滤波器就能正常工作，对矩形波波形质量要求不高，线性较好，不过对直流电源的电压稳定度要求较高。

4.2.4　调频式测量转换电路

　　调频式测量转换电路的原理框图如图4-10所示，把电容式传感器作为高频振荡器谐振回路的一部分，当输入量导致传感器的电容量发生变化时，振荡器的振荡频率也相应地变化，即振荡频率受传感器输出电容的调制，故称调频式。在实现了从电容到频率的转换后，再用鉴频器把频率的变化转换为幅度的变化，经放大后输出，进行显示和纪录；也可将频率信号直接转换为数字输出，用以判断被测量的大小。

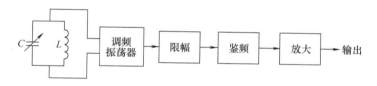

图4-10　调频式测量转换电路的原理框图

　　该电路的主要优点是抗外来干扰能力强，特性稳定，且能获得较高的直流输出信号。

4.3　电容式传感器的应用

　　思考三： 我们知道电容量C是A、d、ε的函数，如果保持其中两个参数不变，只改变其中一个参数，就可以把该参数的变化转换为电容量的变化。有了这一基础，那么利用电容式传感器，我们可用来测量哪些非电量呢？

　　1. 熟悉电容式传感器的典型应用；
　　2. 开阔视野，电容式指纹识别传感器的应用。

4.3.1 电容式测厚仪

电容式测厚仪可用于金属带材在轧制过程中厚度的在线检测，其工作原理如图 4-11 所示，在被测带材的上下两端各装设一块面积相等且与带材距离相等的极板，这样两极板与带材之间形成两个电容 C_1、C_2。如果用导线将上下两极板连接起来作为一个电极，则带材本身为另一个电极，总电容为 $C_1 + C_2$。带材在轧制过程中若厚度发生变化，将引起电容量的变化，再用交流电桥将电容量的变化检测出来，经过放大，即可由显示仪表显示出带材厚度的变化。

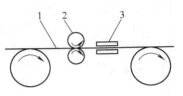

图 4-11 电容式测厚仪示意图
1—带材 2—轧辊 3—工作电极

4.3.2 电容式油量表

图 4-12 所示为飞机上使用的一种可以测油箱液位的电容式油量表。它采用了自动电桥平衡电路。其基本构成元件为：置于油箱中的传感器电容 C_x，它接入电桥转换电路的一个桥臂；调整电桥平衡的电位器 RP，它的电刷与刻度盘的指针同轴连接。

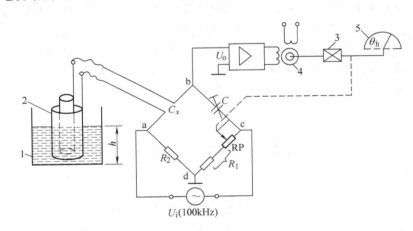

图 4-12 电容式油量表结构图
1—油箱 2—传感器电容 3—同轴连接器 4—伺服电动机 5—刻度盘

当油箱中无油时，传感器电容值设为 C_{x0}，调节匹配电容 C，使其与 C_{x0} 相等，调节可变电阻 RP 的滑动臂，使 $R_1 = R_2$，即使电桥处于平衡状态，此时电桥输出为零，伺服电动机由于缺乏励磁电压而不会转动，油量表指针偏转角 $\theta = 0°$。

当油箱中有油时，假设液位高度为 h，油箱中的传感器电容由于其极板间部分区域介质的变化，使其电容量增大 ΔC_x，$C_x = C_{x0} + \Delta C_x$，而 ΔC_x 与 h 成正比，此时电桥失去平衡后的输出电压，经放大后驱动伺服电动机，从而带动油量表指针偏转，同时带动 RP 的滑动臂，使其电阻值增大。

当 RP 阻值达到一定值时，电桥又达到新的平衡状态，电桥输出电压为零，伺服电动机停转，指针停留在转角 θ 处，这样便可从刻度盘上读出油箱液面高度 h 值。

图 4-13 所示为电容式液位传感器和液位限位传感器。电容式液位传感器随着液位的变化，输出的是模拟量，可连续检测液位。电容式液位限位传感器与电容式液位传感器的区别在于：它不给出模拟量，而是给出开关量，当液位达到设定值时输出相关的开关量，控制相应电路。

a)液位传感器　　　　b)液位限位传感器

图 4-13　电容式液位传感器和液位限位传感器

4.3.3　电容式压差传感器

图 4-14a 所示是用膜片和两个凹面玻璃片组成的电容式压差传感器。薄金属膜片夹在两片镀有金属层的凹面玻璃之间。当两个腔的压差增加时，膜片弯向低压腔的一边。这一微小的位移改变了每个玻璃圆片之间的电容，分辨率很高，可以测量 $0 \sim 0.75\mathrm{Pa}$ 的小压强，响应速度为 $100\mathrm{ms}$。

图 4-14b 所示为电容式压差传感器外形，又称电容式压差变送器；图 4-14c 所示为电容式压差传感器测量液位的示意图，图中右下角即为电容式压差传感器，由公式 $p = \rho g h$ 可知，施加在高压侧腔体内的压力与液位成正比。

a)结构　　　　　　　　　b)外形　　　　　　　　　c)应用测量液位

图 4-14　电容式压差传感器

1—硅油　2—隔离膜　3—焊接密封圈　4—测量膜片（动电极）　5—固定电极

4.3.4　电容式加速度传感器

电容式加速度传感器的结构如图 4-15 所示。图中质量块的两个端面经磨平、抛光后作为动极板，分别与两个固定极板构成一对差动电容 C_1 和 C_2。

当传感器没有感受到被测加速度时，$C_1 = C_2$，输出电容 $C = C_1 - C_2 = 0$。

当传感器感受到向上加速度时，壳体随被测体向上加速运动，而质量块由于惯性保持相对静止。这样上面的电容 C_1 间隙变大，电容量减小，而下面的电容 C_2 间隙变大，电容量减小，输出电容 $C = C_1 - C_2 < 0$。

反之，当传感器感受向下加速度时，输出电容 $C = C_1 - C_2 > 0$。

因此输出电容大小反映了被测加速度大小，输出电容极性反映了被测加速度的方向。

电容式加速度传感器的应用如图 4-16 所示。钻地导弹其头部安装了电容式加速度传感器后，就可以实现延时起爆，从而保证钻地导弹钻地的深度。

电容式加速度传感器安装在轿车上，就可以作为碰撞传感器。当测得的负加速度值超过设定值时，微处理器据此判断发生了碰撞，于是就启动轿车前部的折叠式安全气囊迅速充气而膨胀，托住驾驶员及同排的乘员的胸部及头部，从而保证其生命的安全。

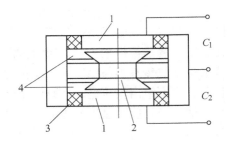

图 4-15　电容式加速度传感器
1—定极板　2—质量块
3—绝缘体　4—弹簧片

钻地导弹　　　　　　轿车安全气囊

图 4-16　电容式加速度传感器的应用

4.3.5　电容式湿度传感器

图 4-17 是利用多孔氧化铝吸湿的电容式湿度传感器的结构示意图。以铝棒和能渗透水的黄金膜为极板，极板间充以氧化铝微孔介质。多孔氧化铝可以从含有水分的气体中吸收水蒸气或从含水的液体介质中吸收水分，吸水以后，极板间的介电常数 ε 发生变化，电容量随之改变。

这样根据电容量的变化即可知道外界湿度的变化。

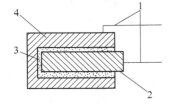

图 4-17　电容式湿度传感器
1—电极引线　2—铝棒
3—多孔氧化铝　4—黄金膜

阅读材料：电容式指纹识别传感器的应用

电容式指纹识别传感器有单触型和划擦型两种，都是目前最新型的固态指纹传感器，它们都是通过检测在触摸过程中电电容量的变化来进行信息采集的。其优点是体积小、成本低、成像精度高、耗电量小，因此非常适合在消费类电子产品中使用。

这两类电容式指纹识别传感器的工作原理为：当指纹中的凸起部分置于传感器电容像素电极上时，其电容量会有所增加，通过检测增加的电容量来进行数据采集。传感器中的像素

点为 $45\mu m^2$，间隔为 $50\mu m$，电容像素阵列的分辨率略高于 500dpi［Dot Per Inch（每英寸打印的点数）］。这类传感器基于一种标准的单 – 多晶硅三层金属 CMOS 工艺，并采用 $0.5\mu m$ 工艺进行设计。

金属互连的第三层构成电容像素层，由氮化钛制成并覆盖着一层氮化硅，厚度仅为 7000 埃米。这种由硬金属电极与抗磨涂敷层组合构成的传感器十分坚实耐用，使用寿命可以达到很多年。它们的用途主要有：

1. 指纹检测

人类的指纹由紧密相邻的凹凸纹路构成，通过在每个像素点上利用标准参考放电电流，便可检测到指纹的纹路状况。每个像素预先充电到某一参考电压，然后由参考电流放电。电容阳极上电压的改变率与其上的电容成下面的比例关系：

$$I_{ref} = cdv/dt \tag{4-11}$$

式中　I_{ref}——参考电流（A）；

　　　c——电容量（F）；

　　dv/dt——电压的改变率。

处于指纹的凸起下的像素（电容量高）放电较慢，而处于指纹的凹处下的像素（电容量低）放电较快。这种不同的放电率可通过采样保持（S/H）电路检测并转换成一个 8 位输出，这种检测方法对指纹凸起和凹陷具有较高的敏感度，并可形成非常好的原始指纹图像。图4-18 所示为指纹处理后的成像图。

采用复杂的软件算法可以进行指纹识别。这种软件采集原始的指纹图像，将图像信息数字化并提取其中的细节模板，然后进行测试，确定提取的细节模板是否与参考模板吻合。单触型传感器与划擦型传感器的尺寸和成本都不一样。

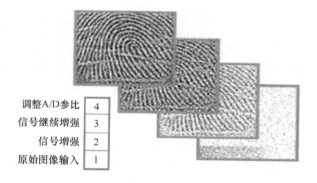

调整A/D参比　4
信号继续增强　3
信号增强　2
原始图像输入　1

图 4-18　指纹处理后的成像图

单触型传感器较大，通常有效接触面积为 $15mm\times15mm$，可迅速地采集最大的指纹或拇指指纹。这种传感器易于使用，并可将整个指纹图像以 500dpi（自动指纹识别标准）的精度进行快速传输。这种传感器由 256（列）$\times300$（行）微型金属电极组成，每一列连接到一对 S/H 电路上。指纹图像依次逐行采集，每个金属电极均作为电容的一个极，与之接触的手指则是电容的另一个极。在器件表面有一层钝化层，作为两个电容极间的电介质层。将手指置于传感器上时，指纹上的凸起和低凹会在阵列上产生不同的电容值，并构成用于认证的一整幅图像。

划擦型传感器是一种新型指纹采集器件，要求用户将手指在器件上划过。划擦型传感器的优点是尺寸小（如富士通的 MBF300 尺寸仅为 $3.6mm\times13.3mm$）和成本低。这些器件主要用于移动设备的嵌入式安全识别应用，如手机和 PDA（掌上计算机）。精密的图像重建软件以接近 2000 帧/s 的速度快速地从传感器上采集多个图像，并将每个帧的数据细节组织到一起。

2. 信息及认证

毫无疑问，便携式低成本指纹识别技术对我们的生活意义深远。例如，今后警察可在一个犯罪高发区截住一名嫌疑人，要求其提供指纹而不是身份证或汽车驾照。此人则将其右手的第一、二或第三个手指置于一个与无线 PDA 相连的传感器上，就可以迅速地将嫌疑人与以前的犯罪记录进行对比确认。

这种识别技术对于被盗的手机用户也有好处。图 4-19 所示为指纹识别手机，手机开机时要求用户通过一个快速的指纹认证过程，用户将其手指划过指纹识别传感器，如果通过认证则授权用户使用手机的各项功能。如果不是授权用户，手机便继续保持锁住状态。如果连续几次认证无法通过，则手机会删除存储器中的关键信息然后关机。

图 4-19　指纹识别手机

图 4-20　汽车防盗指纹识别

在今后的汽车应用中，用户可输入家庭成员的指纹样本，经鉴别授权才能驾驶。注册过程十分简单：每个授权驾驶的成员将其手指置于指纹识别传感器上，并将汽车的各种参数按个人爱好进行设置，然后将这些设置存入车载的电脑存储器中，如图 4-20 所示。当驾驶者进入汽车时，他/她将手指置于传感器上，启动识别过程。不到 1s，电脑将检测到的指纹模板与存储的模板进行匹配，当指纹匹配成功时，汽车便按已编程设定的内部参数来控制后视镜、汽车座椅、无线基站以及车内空气环境。此外，还可控制驾驶速度，如果驾驶者仅为十来岁的孩子，则将速度限制在每小时 55km。

图 4-21 所示为这种指纹识别技术应用在笔记本电脑上的一个例子。该技术的应用使笔记本电脑的使用更加简便、安全，确保自己所使用的笔记本电脑本人专用。

图 4-21　笔记本指纹识别

当然，电容式传感器的应用领域远不止以上所列举的几个方面，其结构类型也不胜枚举，它在检测及控制中的应用也是十分广泛的。

本 章 小 结

电容式传感器是将被测非电量转换为电容变化的一种装置，其工作原理由公式 $C = \varepsilon A / d$ 可知：电容量 C 是 A、d、ε 的函数，如果保持其中两个参数不变，只改变其中一个参数，就可以把该参数的变化转换为电容量的变化，这就是电容式传感器的基本工作原理。

电容式传感器可以有三种基本类型：变面积型、变极距型和变介电常数型；变面积型又分为平面形直线位移式、圆柱形直线位移式和角位移式三种结构形式。

理想条件下，变面积型和变介电常数型电容式传感器具有线性的输出特性，即其输出电容 C 正比于 A 或 ε，而变极距型电容式传感器的输出特性是非线性的，为此常采用差动结构以减小非线性。

由于电容式传感器的输出电容量非常小，所以需要借助测量转换电路将其转换为相应的电压、电流或频率信号。测量转换电路的种类很多，大致可归纳为三类：①调幅电路，即将电容量转换为相应幅度的电压，常见的有桥式测量转换电路和运算放大器式测量转换电路；②脉冲调宽测量转换电路，即将电容量转换为相应宽度的脉冲；③调频式测量转换电路，即将电容量转换为相应的频率。

电容式传感器可用来检测直线位移和角位移，以及液位或料位的测量与控制。

复习与思考

1. 填空题

（1）电容式传感器有三种基本类型，即_____、_____和_____。

（2）变极距型电容式传感器，在实际应用中，为了改善非线性、提高灵敏度和减少外界因素影响，常常做成_____结构。

（3）电容式传感器，当极间存在导电物质时，电极表面应_____，防止极间短路。

（4）电容式传感器的测量转换电路的种类很多，大致可归纳为三大类，即_____、_____和_____。

（5）变极距型电容式传感器可通过_____测量转换电路改善其非线性问题。

（6）电容式加速度传感器其动极板为_____。

2. 单项选择题

（1）电容式液位限位传感器输出的是_____。

A. 模拟量　　　　B. 数字量　　　　C. 既有模拟量又有数字量

（2）_____测量转换电路解决了变极距型电容式传感器的非线性问题。

A. 桥式　　　　　　　　　　B. 调频式

C. 差动脉冲调宽式　　　　　D. 运算放大器式

（3）在电容式传感器中，若采用调频式测量转换电路，则电路中_____。

A. 电容和电感均为变量　　　　B. 电容为变量，电感保持不变

C. 电容保持不变，电感为变量　　D. 电容和电感均保持不变

（4）差动脉冲调宽测量转换电路只采用直流电源，不需要振荡器，只要配一个

_____就能工作。

A. 高通滤波器   B. 低通滤波器

C. 带通滤波器   D. 带阻滤波器

(5) 电容式接近开关对_____的灵敏度最高。

A. 玻璃   B. 塑料   C. 纸   D. 鸡饲料

3. 简答题

(1) 电容式传感器有哪几种类型？差动结构的电容式传感器有什么优点？

(2) 电容式传感器主要有哪几种类型的测量转换电路？各有什么特点？

(3) 图 4-16 所示是电容式加速度传感器的几类应用，试分析其各自的工作原理。

(4) 试绘出用来检测不同物质中含水量的电容式传感器的可能结构。

(5) 举例说明圆柱形电容式传感器的应用。

(6) 简述电容式测厚仪的工作原理。

(7) 简述轿车安全气囊的工作原理。

 趣味小制作：电容式接近开关

利用我们学过的电容式传感器，自己制作电容式接近开关。

1. 所需材料

电阻、电容、晶体管、二极管、电感、继电器、电极片、电源、开关、导线。

2. 原理

电容式接近开关通常由一个射频振荡电路和一个探测极板组成。图 4-22 是用分立元件制作的电容式接近开关原理图。

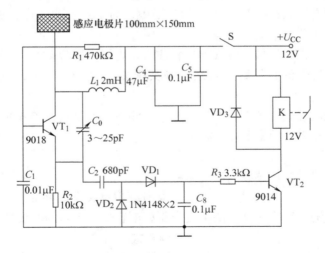

图 4-22 电容式接近开关原理图

在图中，晶体管 VT_1 与周围元器件构成一个射频振荡电路；金属感应电极片接在 VT_1 的集电极作为探测极板。首先闭合开关 S，在没有其他导体接近感应电极片时，VT_1 组成的振荡电路正常振荡，此时 VT_1 发射极输出的射频电压信号经 VD_1、VD_2 检波后成为直流控制信号，该信号使开关管 VT$_2$ 导通，继电器得电吸合，接通被控电路的电源；当有导体接近感应电极片时，由于任何靠近感应电极片的导体都会感应出电极片和"地"之间的电容，而电容量的增加就会降低振荡器的正反馈量直至振荡器停止振荡，如果振荡器停振，射频检波电路就不再输出直流控制信号，此时开关管 VT$_2$ 就会截止，使继电器失电断开，而且继电器断开后需要先断开开关 S 再闭合后，电路才进入下能一次振荡状态，否则继电器就一直断开。C$_0$ 是灵敏度调节电容，调节它的大小可以调整振荡器起振、停振的临界值，从而调节控制器所控制物体的远近、大小等项目。在图中，电感 L$_1$ 可以使用电感量为 $1 \sim 6\text{mH}$ 的任何色码电感，如果电感量大于 4mH，就需要适当地增大 C$_0$ 的值，以使电路能顺利起振，其他元件参数如图 4-22 所示。

3. 制作提示

（1）为了较好地演示制作好的电路，将继电器触点（虚线所连的触点）所在的控制电路接上，为了直观，控制对象可选择灯或扬声器。

（2）接近开关的检测物体，并不限于金属导体，也可以是绝缘的液体或粉状物体。

（3）制作时要考虑环境温度、电场边缘效应及寄生电容等不利因素的存在。

第5章 光传感器及其应用

利用光电器件将光信号转换成电信号的传感器称为光传感器。常用的光传感器有光电管、光电倍增管、光敏电阻、光敏二极管、光敏晶体管、光纤、光栅、CCD等。

5.1 光电式传感器

思考一： 在商场或者超市你乘坐过自动扶梯吗？在银行或者酒店你走过自动旋转门吗？你知道它们都是怎样实现自动控制吗？

1. 认识光电光效应；
2. 了解光电管和光电倍增管的结构和原理；
3. 了解光敏电阻的结构和原理；
4. 熟悉光敏二极管和光敏晶体管结构和原理。

光电式传感器是采用光电元件作为检测元件，首先把被测量的变化转变为光信号的变化，然后借助光电元件进一步将光信号转换成电信号，再由检测电路识别控制。光电式传感器一般由光源、光学通路和光电元件3部分组成。近年来，随着光电技术的发展，光电式传感器已成为一系列产品，其品种及产量日益增加，用户可根据需要选用各种规格产品，广泛应用于工业自动生产线中。

5.1.1 光电效应

光电式传感器是基于各种光电效应进行工作的常用传感器。

1. 外光电效应

光线照射在某些物体上，引起电子从这些物体表面逸出的现象称为外光电效应，也称光电发射。逸出的电子称光电子。

根据能量守恒定律，要使电子逸出并具有初速度，光子的能量必须大于物体表面的逸出功。由于光子的能量与光谱成正比，因此要使物体发射出光电子，光的频率必须高于某一限值，这个能使物体发射光电子的最低光频率称为红限频率。

小于红限频率的入射光，光再强也不会激发光电子；大于红限频率的入射光，光再弱也会激发光电子。单位时间内发射的光电子数称为光电流，它与入射光的光强成正比。

基于外光电效应原理工作的光电器件有光电管、光电倍增管。

2. 内光电效应

物体受光照射后，其内部的原子释放出电子，这些电子仍留在物体内部，使物体的电阻率发生变化或产生光电动势的现象称为内光电效应。内光电效应又细分为光电导效应和光生伏特效应。

（1）光电导效应。入射光强改变物质导电率的物理现象称光电导效应。

这种效应几乎所有高电阻率的半导体都有，如图5-1所示，在入射光线作用下，电子吸收光子能量，从价带被激发到导带上，过渡到自由状态。同时价带也因此形成自由空穴，使导带的电子和价带的空穴浓度增大，引起电阻率减少。

基于光电导效应原理工作的光电器件有光敏电阻。

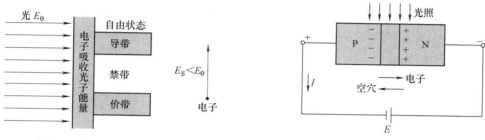

图5-1　光电导效应示意图　　　　　　　图5-2　光生伏特效应示意图

（2）光生伏特效应。光生伏特效应是半导体材料吸收光能后，在PN结上产生电动势的效应。不加偏压的PN结，在光照射时，可激发出电子-空穴对，在PN结内电场作用下空穴移向P区，电子移向N区，使P区和N区之间产生电压，这个电压就是光生伏特效应产生的光生电动势，基于此效应原理工作的光电器件有光电池。

处于反偏的PN结，如图5-2所示，无光照时P区电子和N区空穴很少，反向电阻值很大，反向电流很小；当有光照时，光子能量足够大，产生光生电子-空穴对，在PN结电场作用下，电子移向N区，空穴移向P区，形成光电流I，电流I方向与反向电流一致，并且光照越大，光电流越大。基于此效应的光电元件有光敏二极管、光敏晶体管。

5.1.2　光电管和光电倍增管

思考二：光电传感都有哪些呢？

1. 结构和外形

光电管由一个光电阴极和阳极封装在玻璃壳内构成，光电阴极涂有光敏材料。图5-3列出几种常见光电管，图5-4a为其结构图。

图5-3　常见光电管

2. 原理

光电管的工作原理如图 5-4b 所示。无光线照射时，电路不通。有光线照射时，如果光子的能量大于电子的逸出功，会有电子逸出产生光电发射。电子被带有正电的阳极吸引，在光电管内形成光电流，根据电流大小可知光量的大小。

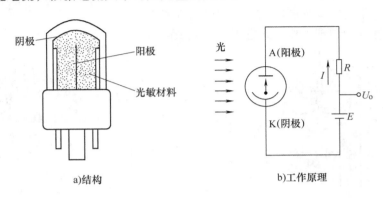

阴极　阳极　光敏材料

a)结构　　　　b)工作原理

图 5-4　光电管

3. 光电倍增管

当用光电管去测量很微弱的入射光时，光电管产生的光电流很小（小于零点几毫安），不易检测，误差也大，说明普通光电管的灵敏度不够高。这时可改用灵敏度较高的光电倍增管。

光电倍增管是在光电管的阴极与阳极之间（光电子飞跃的路程上）安装若干个倍增极构成的，其结构如图 5-5a 所示、外形如图 5-5b 所示。

当高速电子撞击物体表面时，它将一部分能量传给该物体中的电子，使电子从物体表面逸出，称为二次电子发射。

倍增极就是二次发射的发射体。二次电子发射数量的多少，与物体材料性质、物体表面状况、入射的一次电子能量和入射的角度等因素有关。

光电倍增管应用在弱光的光度测量中，如核仪器中 γ 能谱仪、X 射线荧光分析仪等闪烁探测器，都使用的是光电倍增管做传感元件。

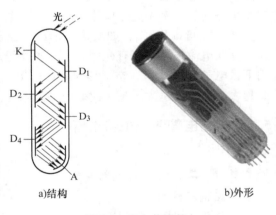

a)结构　　　　　　　b)外形

图 5-5　光电倍增管

K—阴极　A—阳极　D_1—第一倍增极

 温馨提示

（1）使用光电管和光电倍增管时，注意不要将它们暴露在阳光下，否则，过强的日光会损坏光电阴极。

（2）光电管和光电倍增管的入射光窗口，不能用手摸，要用酒精清洗，正常使用情况下，三个月清洗一次。

5.1.3　光敏电阻

　　光敏电阻的工作原理是基于光电导效应，由掺杂的光导体薄膜沉积在绝缘基片上而成，纯粹是个电阻，没有极性，外形如图 5-6a 所示。

　　光敏电阻上可以加直流电压，也可以加交流电压。例如，将它接在如图 5-6b 所示电路中，当无光照射时，由于光敏电阻的电阻值很大，电路中电流很小；当有适当波长范围内的光线照射时，因其电阻值变得很小，电路中电流增加，根据电流表测出的电流值变化，即可推算出照射光强度的大小。

　　利用光敏电阻无光照射和有光照射时电流值的变化来检测光的存在和强

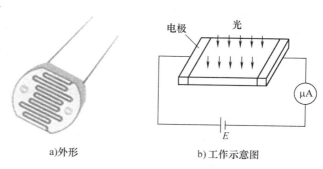

a)外形　　　　　　b)工作示意图

图 5-6　光敏电阻

弱，其优点是方法简单，元件体积小；缺点是电阻值不够大，限制了它的应用范围。

5.1.4　光敏二极管和光敏晶体管

　　光敏晶体管工作原理主要基于光生伏特效应，广泛应用于可见光和远红外探测，以及自动控制、自动报警、自动计数等领域和装置。

1. 光敏二极管

　　光敏二极管与一般二极管相似，它们都有一个 PN 结，并且都是单向导电的非线性元件。但是作为光敏元件，光敏二极管在其结构上有特殊之处。如图 5-7a 所示，光敏二极管封装在透明玻璃外壳中，PN 结在管子的顶部，可以直接受到光照，为了大面积受光提高转换效率，光敏二极管的 PN 结面积比一般二极管大。

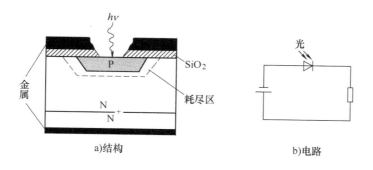

a)结构　　　　　　　　　　b)电路

图 5-7　光敏二极管

　　将光敏二极管加反向电压，如图 5-7b 所示，当无光照射时，光敏二极管与普通二极管一样，电路中仅有很小的反向饱和漏电流，称为暗电流，此时相当于光敏二极管截止；当有光照射时，PN 结受光子的轰击，半导体被束缚的价电子吸收光子能而被激发产生电子和空穴对，在反向电压作用下，反向饱和电流大大增加，形成光电流，此时相当于光敏二极管导通。这表明 PN 结具有光电转换功能，故光敏二极管又称光电二极管。

2. 光敏晶体管

光敏晶体管是把光敏二极管产生的光电流进一步放大，它是具有更高灵敏度和响应速度的光敏传感器。

光敏晶体管与反向电压使用的光敏二极管在外形结构上很相似，通常也只有两个引出线 – 发射极和集电极，基极不引出，但光敏晶体管管心有两个 PN 结，如图 5-8a 所示，管心封装在窗口的管壳内。管壳同样开窗口，以便光线射入。

为了增加光照，基区面积做得很大，发射区面积较小，入射光主要被基区吸收。工作时集电极反偏，发射极正偏。光敏晶体管可以看成普通晶体管的集电极用光敏二极管代替的结果。图 5-8b 是一个光敏晶体管的平面和剖面示意图。

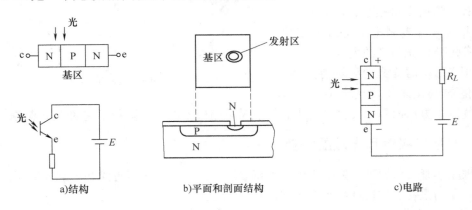

a)结构   b)平面和剖面结构   c)电路

图 5-8　光敏晶体管

光敏晶体管电路如 5-8c 所示，当无光照射时，集电极反偏，暗电流相当于普通晶体管的穿透电流；有光照射集电极附近的基区时，激发出新的电子、空穴对，经放大形成光电流。光敏晶体管利用类似普通晶体管的放大作用，将光敏二极管的光电流放大了（$1+\beta$）倍，所以它比光敏二极管具有更高的灵敏度。

5.2　光电式传感器的应用

思考三：自动扶梯是怎样控制起停的呢？除此之外，光电式传感器还有哪些方面的应用呢？

1. 了解光电式传感器的各种应用；
2. 开阔视野：光电式传感器在自动化生产线上的应用。

5.2.1　光电转速传感器

光电式传感器具有精度高、响应快、非接触等优点，在工业上最典型的应用就是测速，尤其可以测量 10r/min 的低速。而很多传统的转速测量方法，低速测量误差较大。

图 5-9 是光电转速传感器测量示意图。该种传感器是利用光电元件的开关特性来工作。图中光源 1 发出的光经透镜 2、半透明膜 3 和透镜 4 照射到被测物体 5 上。该物体旋转平面上涂有等间距的黑白相间的标志。

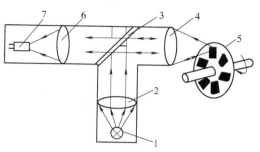

　　当光照射到白色标志时，反射光经透镜 4、半透明膜 3 和透镜 6 入射到光电元件 7 上，使其由不通变为导通；当光照射到黑色标志时，因没有反射光，光电元件 7 仍为不通。

图 5-9　光电转速传感器测量示意图
1—光源　2、4、6—透镜　3—半透明膜
5—转盘　7—光电元件

　　当被测物体旋转起来，每相邻一对黑、白标志，使光电元件由导通变为不通，对应输出一个电脉冲。图 5-9 中被测物体每转一周，产生 6 个电脉冲，通过频率计对脉冲计数，即可得到旋转物体的转速。

5.2.2　表面缺陷光电传感器

　　在不损坏材料的前提下对材料进行无损检测是很多领域需要处理的问题，采用表面缺陷光电式传感器进行非接触检测，具有精度高、速度快等优点。

　　表面缺陷光电式传感器工作原理示意图如图 5-10 所示。图中被测物体 3 表面平滑时，由光源 1 发射的光线经透镜 2 照射到被测物体表面上，其反射光线经透镜 4 恰好入射到光电元件 5 中，如图 5-10a 所示。

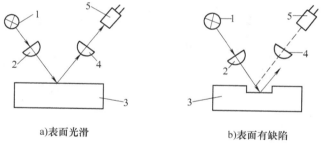

a)表面光滑　　　　　　　　b)表面有缺陷

图 5-10　表面缺陷光电式传感器工作原理示意图
1—光源　2、4—透镜　3—被测物　5—光电元件

　　被测物体表面有缺陷时，正如图 5-10b 所示的那样，反射光线偏离原来光路，无法入射到光电元件，使其发出表面有缺陷的信号。

5.2.3　燃气热水器中脉冲点火控制器

　　由于各类燃气是易燃、易爆气体，所以对燃气器具中的点火控制器的要求是安全、稳定、可靠。因此在各类燃气器具的点火控制电路中有这样一个功能，即打火确认针产生火花，才可打开燃气阀门；否则燃气阀门关闭，这样就保证使用燃气器具的安全性。

　　图 5-11 所示为燃气热水器中的高压打火确认电路原理图。在高压打火时，火花电压可达 1 万多伏，这个脉冲高电压对电路工作影响极大，为了使电路正常工作，采用光耦合器 VLC 进行电平隔离，以增强电路的抗干扰能力。当高压打火针对打火确认针放电时，光耦合器中的发光二极管发光，耦合器中的光敏晶体管导通，经 VT_1、VT_2、VT_3 放大，驱动强吸电磁阀，将气路打开，燃气碰到火花即燃烧。若高压打火针与打火确认针之间不放电，则光耦合器不工作，VT_1 等不导通，燃气阀门关闭。

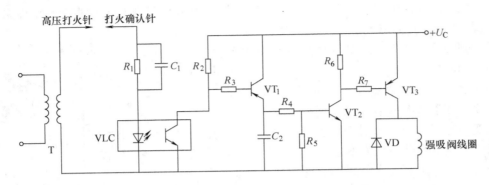

图 5-11　燃气热水器中高压打火确认电路原理图

5.2.4　红外光电开关

　　红外光电开关是用来检测物体的靠近、通过等状态的光电式传感器，也有人称其为红外传感器，简称光电开关。近年来，随着生产自动化、机电一体化的发展，光电开关已发展成系列产品，其品种及产量日益增加，图 5-12 列出了常用光电开关的外形。

图 5-12　光电开关外形

　　光电开关由红外发射元件与光敏接收元件组成，其检测距离可达数十米。红外发射元件一般采用功率较大的红外发光二极管（红外 LED），而接收器一般采用光敏晶体管。为了防止干扰，可在光敏元件表面加红外线滤光透镜。

　　光电开关的原理是根据发射器发出的光束，被物体阻断或部分反射，接收器最终据此做出判断和反应。接收到光线时，光电开关有输出称为"亮动"（可以是电平输出或者触点动作）；当光线被隔断或者低于一定数值时，光电开关有输出称为"暗动"（可以是电平输出或者触点动作），其应用实例见表 5-1。

　　光电开关可分为透射型和反射型两种。透射型如图 5-13a 所示，发光二极管和光敏晶体管相对安放，轴线严格对准。当有不透明物体在两者中间通过时，红外光束会被阻断，光敏晶体管因收不到红外线而产生一个电脉冲信号。

　　反射型又分为两种情况：反射镜反射型和被测体反射型。

　　反射镜反射型传感器单侧安装，如图 5-13b 所示。需要调整反射镜的角度以取得最佳反射效果。当有物体通过时，红外光束被隔断，光敏晶体管接收不到红外光束而产生一个电脉冲信号，其检测距离不如透射型光电开关。

表 5-1　光电开关应用实例

自动扶梯自动起停	产品计数
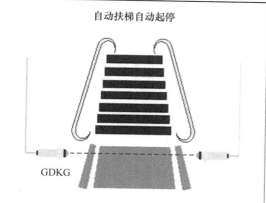	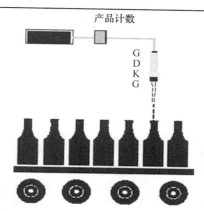
透射型光电开关，当光路被隔断时光敏晶体管发出一个电脉冲，驱动电梯运行	被测体反射型光电开关，通过一个产品，光敏二极管发出的红外线经瓶盖反射被光敏晶体管接收，光敏晶体管就会发出一个脉冲进行计数
烟雾检测	高度辨认
	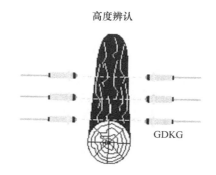
反射镜反射型光电开关，当有烟雾产生时，光路被隔断，光敏晶体管输出一个电脉冲信号驱动报警系统	透射型光电开关，可以上下移动，当检测到物体时，光路被隔断，根据光电开关位置即知被测物体高度
仓库门警卫	自动注料
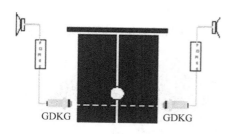	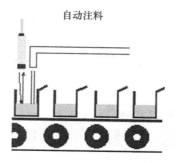
透射型光电开关，光路被切断说明有人走过，光敏晶体管发出脉冲驱动扬声器报警	被测体反射型光电开关，光敏晶体管接收到红外反射信号自动注料

　　被测体反射型安装最为方便，如图 5-13c 所示，发光二极管与光敏晶体管光轴在同一平面上，以某一角度相交，交点处为待测点，当有物体经过待测点时，发光二极管的红外线经被测体上的标记反射，被光敏晶体管接收，从而使光敏晶体管产生电脉冲信号。

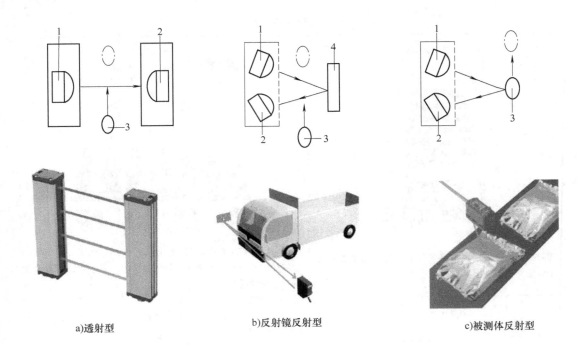

a)透射型   b)反射镜反射型   c)被测体反射型

图 5-13 光电开关类型

1—发光二极管 2—光敏三极管 3—被测物 4—反射镜

  光电开关可用于生产线上统计产量、监测装配线到位与否以及装配质量检测（如瓶盖是否压上、标签是否漏贴等），目前已广泛用于自动包装机、自动灌装机、装配流水线等自动化机械装置中。

5.2.5 光电鼠标

  思考四：你天天用鼠标，可你了解手中的鼠标是哪一代产品吗？

  光电鼠标产品按其年代和使用的技术不同可以分为两代产品，其共同的特点是没有机械鼠标必须使用的鼠标滚球。第一代光电鼠标由光断续器来判断信号，最显著特点就是需要使用一块特殊的反光板作为鼠标移动时的垫子。图 5-14 所示为机械鼠标，图 5-15 所示为第一代光电鼠标。

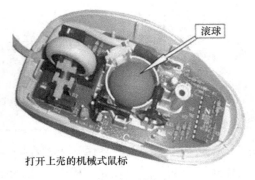

打开上壳的机械式鼠标

图 5-14 机械鼠标   图 5-15 第一代光电鼠标

目前市场上的光电鼠标产品都是第二代光电鼠标。第二代光电鼠标的原理其实很简单：使用的是光眼技术，这是一种数字光电技术，较之以往的机械鼠标完全是一种全新的技术突破，如图 5-16 所示。

当光线照射在鼠标的操作桌面上时，鼠标底部的光学透镜就会把桌面反射光线聚焦并投影到内部的"光眼"上。每隔一段时间，"光眼"会根据这些反射光做一次"快速拍照"，并把所拍摄到的图片传送到内部主 IC 芯片，主 IC 芯片会从图片中找到数个定位关键点，并对比前后两次"快照"中关键点的变化，通过分析这些关键点的变化，主 IC 芯片将判断出鼠标的实际位移方向和位移量。然后将分析结

图 5-16　第二代光电鼠标

果以数字信号的方式传给计算机的相关设备，最终在显示器上体现出来。

光电鼠标的光学传感器，跟随操作者的移动连续记录它途经表面的"快照"，这些"快照"（即帧）有一定的频率（即扫描频率、刷新率、帧速率等）和尺寸及分辨率（即光学传感器的 CMOS 晶阵有效像素数），并且光学传感器的透镜应具备一定的放大作用；而光电鼠标的核心——DSP 通过对比这些"快照"之间的差异从而识别位移方向和位移量，并将这些确定的信息加以封装后通过 USB 接口源源不断地输入计算机；而驱动程序（可以是 Windows 的默认驱动）则根据这些信号经过一定的转换（参照关系由驱动设置）最终决定鼠标指针在屏幕上的移动位置。

阅读材料：光电式传感器在自动化生产线上的应用

光电式传感器在工业自动化生产线中被广泛应用，在本文中介绍了光电式传感器在带材跑偏检测、包装填充物高度检测、光电色质检测、彩塑包装制袋塑料薄膜位置控制以及对产品流水线上的产量统计、对装配件是否到位及装配质量进行检测、对布料的有无和宽度进行检测等方面的应用。

1. 光电式带材跑偏检测器

光电式带材跑偏检测器用来检测带形材料在加工中偏离正确位置的大小及方向，从而为纠偏控制电路提供纠偏信号，它主要用于印染、送纸、胶片、磁带等的生产过程中。

光电式带材跑偏检测器工作原理如图 5-17a 所示。光源发出的光线经过透镜 1 会聚为平行光束，投向透镜 2，随后被会聚到光敏电阻上。在平行光束到达透镜 2 的途中，有部分光线受到被测带材的遮挡，使传到光敏电阻的光通量减少，使电阻值变化。

图 5-17b 为测量电路简图。R_1、R_2 是同一型号的光敏电阻。R_1 作为测量元件装在带材下方，R_2 用遮光罩罩住，起温度补偿作用。当带材处于正确位置（中间位）时，由 R_1、R_2、R_3、R_4 组成的电桥平衡，放大器输出电压 U_o 为 0。当带材左偏时，遮光面积减少，光敏电阻 R_1 电阻值减少，电桥失去平衡。差动放大器将这一不平衡电压加以放大，输出电压 U_o 为负值，它反映了带材跑偏的方向及大小。反之，当带材右偏时，U_o 为正值。输出信号 U_o 一方面由显示器显示出来，另一方面被送到执行机构，为纠偏控制电路提供纠偏信号。

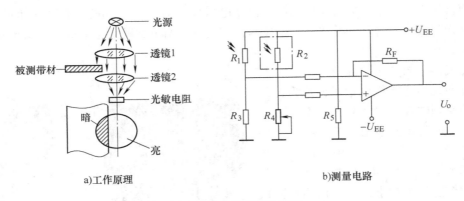

a)工作原理　　　　　　　　　b)测量电路

图 5-17　带材跑偏检测器

2. 包装充填物高度检测

用容积法计量包装的成品，除了对重量有一定误差范围要求外，一般还对充填高度有一定的要求，以保证商品的外观质量，不符合充填高度的成品将不许出厂。图 5-18 所示为借助光电检测技术控制充填高度的原理。

当充填高度 h 偏差太大时，发光二极管发出的光信号，不能被光电开关中

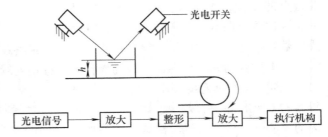

图 5-18　利用光电检测技术控制充填高度

的光敏晶体管接收，光电开关驱动执行机构将包装物品推出进行处理。

3. 光电色质检测

图 5-19 所示为包装物料的光电色质检测原理。若包装物品规定底色为白色，因质量不佳，有的出现泛黄，在产品包装前先由光电检测色质，物品泛黄时就有比较电压差输出，接通电磁阀，由压缩空气将泛黄物品吹出。

4. 彩塑包装制袋塑料薄膜位置控制

图 5-20 所示为包装机塑料薄膜位

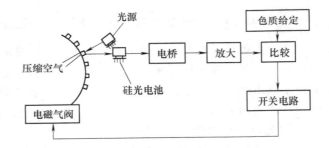

图 5-19　包装物料的光电色质检测原理

置控制系统原理。成卷的塑料薄膜上印有商标和文字，并有定位色标。包装时要求商标和文字定位准确，不得将图案在中间切断。薄膜上商标的位置由光电系统检测，并经放大后去控制电磁离合器。薄膜上色标（不透光的一小块面积，一般为黑色）未到达定位色标位置时，光电系统因为投光器的光线能透过薄膜而使电磁离合器有电而吸合，薄膜得以继续运动，薄膜上的色标到达定位色标位置时，因投光器的光线被色标挡住而发出到位的信号，此信号经光电转换、放大后，使电磁离合器断电脱开，薄膜就准确地停在该位置，待切断后再继续运动。

当薄膜上的色标未到达光电管时，光电继电器线圈中无电流通过，伺服电动机转动，带动薄膜继续前进。当色标到达光电管位置时，光电继电器线圈中有电流通过，伺服电动机立

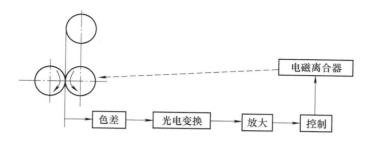

图 5-20 包装机塑料薄膜位置控制系统示意图

即停转，因而薄膜就停在那一个位置。当切断动作完成后，伺服电动机继续转动。如图 5-21 所示。

5. 其他方面的应用

利用光电开关还可以进行产品流水线上的产量统计、对装配件是否到位及装配质量进行检测，例如灌装时瓶盖是否压上、商标是否漏贴（见图 5-22）以及送料机构是否断料（见图 5-23）等。

此外，利用反射式光电传感器可以检测布料的有无和宽度；利用遮挡式光电传感器检测布料的下垂度，其结果可用于调整布料在传送中的张力；利用安装在框架上的反射式光电传感器可以发现漏装产品的空箱，并利用油缸将空箱推出。

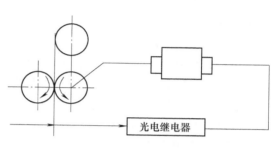

图 5-21 薄膜位置控制示意图

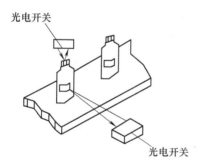

图 5-22 瓶子商标检测示意图

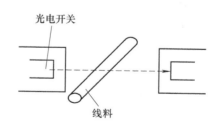

图 5-23 送料机构检测示意图

可以预见，随着自动化技术的迅速发展，光电式传感器在工业自动生产线上作为检测装置将获得越来越广泛的应用。

5.3 光纤式传感器

 思考五： 你使用过光纤上网的吗？那你知道光纤的结构和原理吗？

1. 了解光纤式传感器结构和原理；
2. 熟悉两种不同类型的光纤式传感器。

5.3.1 光纤的结构和原理

光纤自 20 世纪 60 年代问世以来，就在传递图像和检测技术等方面得到了应用。利用光导纤维作为传感器的研究始于 20 世纪 70 年代中期。由于光纤式传感器具有不受电磁场干扰、传输信号安全、可实现非接触测量，且具有高灵敏度、高精度、高速度、高密度、适应各种恶劣环境下使用以及非破坏性和使用简便等等一些优点。无论是在电量（电流、电压、磁场）的测量，还是在非电物理量（位移、温度、压力、速度、加速度、液位、流量等）的测量方面，都取得了惊人的进展。

1. 光纤的结构

光导纤维－简称光纤，目前基本采用石英玻璃，有不同掺杂。光导纤维的导光能力取决于纤芯和包层的性质，纤芯的折射率 N_1 略大于包层折射率 N_2。

光纤结构如图 5-24 所示，主要由三部分组成：中心－纤芯、外层－包层、护套－尼龙塑料。

2. 光纤的传光原理

光在空间是直线传播的，而在光纤中光被限制在其中，并能随光纤传递到很远的距离。光纤的传播是基于光的全反射。当光线以不同角度入射到光纤端面

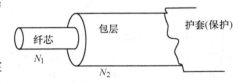

图 5-24　光纤的结构

时，在端面发生折射后进入光纤，进入光纤后入射到纤芯（光密介质）与包层（光疏介质）交界面，一部分透射到包层，一部分反射回纤芯。但是当光线在光纤端面中心的入射角 θ 减小到某一角度 θ_c 时，光线就会全部反射。光被全反射时的入射角 θ_c 称为临界角，只要 $\theta < \theta_c$，光在纤芯和包层界面上，就会经若干次全反射向前传播，最后从另一端面射出，如图 5-25 所示。

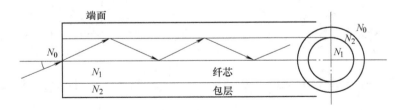

图 5-25　光纤传光示意图

为保证全反射，必须满足全反射条件（即 $\theta < \theta_c$）。由斯乃尔（Snell）折射定律可导出光线由折射率为 N_0 处介质射入纤芯时，实现全反射的临界入射角为

$$\theta_c = \arcsin\left(\frac{1}{N_0}\sqrt{N_1^2 - N_2^2}\right)$$

外介质一般为空气，空气中 $N_0 = 1$，则

$$\theta_c = \arcsin(\sqrt{N_1^2 - N_2^2})\qquad\qquad(5\text{-}1)$$

可见，光纤临界入射角的大小是由光纤本身的性质（N_1、N_2）决定的，与光纤的几何尺寸无关。

5.3.2　光纤式传感器的分类

光纤式传感器的类型较多，大致可分为物性型（或称功能型）与结构型（或称非功能型）两类。图 5-26 所示是几种光纤式传感器。

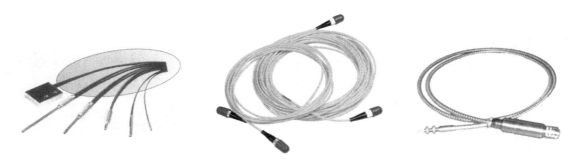

图 5-26　光纤式传感器

1. 物性型光纤式传感器

物性型光纤式传感器是利用光纤对环境变化的敏感性，将输入的物理量变换为调制的光信号。其工作原理基于光纤的光调制效应，即光纤在外界环境因素（如温度、压力、电场、磁场等等）改变时，其传光特性（如相位与光强）会发生变化。因此，如果能测出通过光纤的光相位、光强变化，就可以知道被测物理量的变化。这类传感器又被称为敏感元件型或功能型光纤式传感器。

这类传感器利用的是光纤本身对外界被测对象具有敏感能力和检测功能，光纤不仅起到传光作用，而且是传感元件，在被测对象作用下，如光强、相位、偏振态等光学特性得到调制，调制后的信号携带着被测信息。如果外界作用使光纤传播的光信号发生变化，使光的路程改变、相位改变，将这种信号接收并处理后，可以得到被测对象信号的变化。如图 5-27a所示。

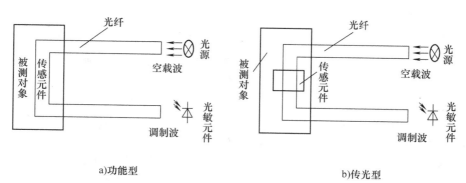

a)功能型　　　　　　　　　　　　　　b)传光型

图 5-27　光纤传感器示意图

2. 结构型光纤式传感器

结构型光纤式传感器是由光检测元件与光纤传输回路及测量电路所构成的测量系统。其中光纤仅作为光的传播媒介，所以又称为传光型或非功能型光纤式传感器。

这类传感器的光纤只当作传播光的媒介，被测对象的调制功能是由其他光电转换元件做传感元件来实现的，光纤只起传光作用。如图 5-27b 所示。

5.4 光纤式传感器的应用

 **思考六：** 近几年，光纤式传感器的发展异常迅速，显现出巨大的开发潜力，受到一些发达国家政府和研究单位的高度重视，我国亦非常重视这一新领域的研究应用。那你知道使用光纤式传感器的优势吗？都在哪些领域开始使用了吗？

1. 了解反射式光纤位移传感器；
2. 了解光纤式温度传感器；
3. 了解光纤流速和压力传感器。

光纤式传感器具有一些常规传感器无法比拟的优点。例如，光纤式传感器具有灵敏度高、响应速度快、动态范围大、防电磁场干扰、超高压绝缘、无源性、防燃防爆，适于远距离遥测，多路系统无地回路"串音"干扰，体积小，机械强度大，材料资源丰富，成本低等优点。

另外光纤式传感器可实现的传感信息量很广，现已实现的传感信息量有磁、声、力、温度、位移、加速度、液位、转矩、应变、电流、电压、图像和某些化学量等。

1. 反射式光纤位移传感器

反射式光纤位移传感器工作示意图如图 5-28 所示，两束光纤在被测物体附近汇合，光源经一束多股光纤将光信号传送至端部，并照射到被测物体上；另一束光纤接收反射的光信号，再通过光纤传送到光敏元件上。被测物体相对于光纤的位移发生变化，则反射到接收光纤上的光通量发生变化，再通过光电传感器检测出位移的变化。

反射式光纤位移传感器一般是将发射和接收光纤捆绑组合在一起，组合的形式有不同，如：半分式、共轴式、混合式等，半分式测量范围大，混合式灵敏度高。

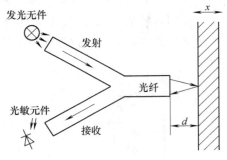

图 5-28 反射式光纤位移传感器工作示意图

如图 5-29a 所示，由于光纤有一定的数值孔径，当光纤探头端紧贴被测物体时，发射光纤中的光信号不能反射到接收光纤中，接收端光敏元件无光电信号；当被测物体逐渐远离光纤时，距离 d 减小，发射光纤照亮被测物体的表面积 B_1 越来越大，接收光纤照亮的区域 B_2 也越来越大，当整个接收光纤被照亮时，输出达到最大，相对位移输出曲线达到光峰值；被测物体继续远离时，光强开始减弱，部分光线被反射，输出光信号减弱，曲线下降进入"后坡区"。

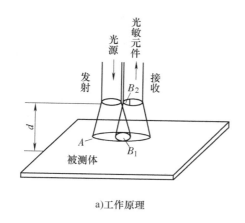
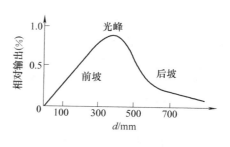

a)工作原理　　　　　　　　　　　b)位移输出曲线

图 5-29　反射式光纤位移传感器

2. 光纤式温度传感器

光纤测温技术是在近十多年才发展起来的新技术，目前，这一技术仍处于研究发展和逐步推广实用的阶段。但在某些传统方法难以解决的测温场合，光纤测温技术已逐渐显露出它的某些优异特性。但是，正像其他许多新技术一样，光纤测温技术并不能全面代替传统方法，它仅是对传统测温方法的补充。我们应充分发挥它的特长，有选择地用于常规测温方法和普通测温仪表难以胜任的场合。

光纤式温度传感器是采用光纤作为敏感元件或能量传输介质而构成的新型测温传感器，根据工作原理可分为功能型和非功能型两种型式，功能型传感器是利用光纤的各种特性，由光纤本身感受被测量的变化，光纤既是传输介质，又是敏感元件；非功能型传感器又称传光型，由其他敏感元件感受被测量的变化，光纤仅作为光信号的传输介质。图 5-30 所示为传光型光纤温度传感器，图 5-31 所示为功能型光纤温度传感器。下面以功能型温度传感器为例说明光纤传感器测温原理。

图 5-30　传光型光纤温度传感器

功能型温度传感器基于光纤芯线受热产生黑体辐射现象来测量被测物体内热点的温度，此时，光纤本身成为一个待测温度的黑体腔。在光纤长度方向上的任何一段，因受热而产生的辐射都在端部收集起来，并用来确定高温段的位置与温度。这种传感器是靠被测物体加热光纤，使其热

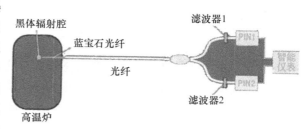

图 5-31　功能型光纤温度传感器

点产生热辐射，所以，它不需要任何外加敏感元件，就可以测量物体内部任何位置的温度。而且，传感器对光纤要求较低，只要能承受被测温度就可以。

光纤式温度传感器的热辐射能量取决于光纤温度、发射率与光谱范围。当一定长度的光纤受热时，光纤的所有部分都将产生热辐射，但光纤各部分的温度相差很大，所辐射的光谱成分也不同，由于热辐射随物体温度增加而显著增加，所以，在光纤终端探测到的光谱成分将主要取决于光纤上的最高温度，即光纤中的热点，而与其长度无关。

3. 其他光纤式传感器

这里给大家简单介绍两种功能型光纤式传感器的应用：光纤式流速传感器和光纤式压力传感器。

（1）光纤式流速传感器。如图 5-32 所示，光纤式流速传感器主要由多模光纤、光源、铜管、光敏二极管及测量电路所组成。多模光纤插入顺流而置的铜管中，由于流体流动而使光纤发生机械变形，从而使光纤中传播的光的相位发生变化，光纤的发射光强出现强弱变化，其振幅的变化与流速成正比，这就是光纤式传感器测流速的工作原理。

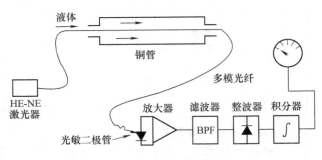

图 5-32　光纤流速传感器

（2）光纤式压力传感器。如图 5-33 所示为施加均衡压力和施加点压力的两种光纤式压力传感器的工作原理，图 5-33a 所示为光纤式压力传感器在均衡压力作用下，由于光的弹性效应而引起光纤折射率、形状和尺寸的变化，从而导致光纤传播光的相位变化和偏振面旋转；图 5-33b 所示为光纤式压力传感器在点压力作用下，引起光纤局部变形，使光纤由于折射率不连续变化导致传播光散乱而增加损耗，从而引起光振幅变化。

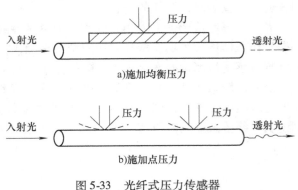

图 5-33　光纤式压力传感器

5.5　CCD 传感器

 **思考七：** 外出游玩时，你使用过数码相机或者数码摄像机吗？你知道它们也是一种传感器吗？

1. 认识 CCD 传感器，了解其结构和工作原理；
2. 熟悉 CCD 传感器的应用。
3. 开阔视野，CCD 图像传感器在军事上的应用。

5.5.1　CCD 简介

CCD 是指电荷耦合器件，英文单词为 Charge Coupled Device。它由一种高感光度的半导体材料制成，能把光线转变成电荷，然后通过模数转换芯片将电信号转换成数字信号，数字信号经过压缩处理通过 USB 接口传到电脑上就形成所采集的图像。如图 5-34 所示，基于 CCD 光电耦合器件的典型输入设备有数码摄像机、数码相机、平板扫描仪、指纹机等。

CCD 主要由光敏单元、输入结构和输出结构等构成。它具有光电转换、信息存储和延时等功能，CCD 集成度高、功耗小，已经在摄像、信号处理和存储三大领域中得到广泛的应用，尤其是在图像传感器应用方面取得令人瞩目的发展。

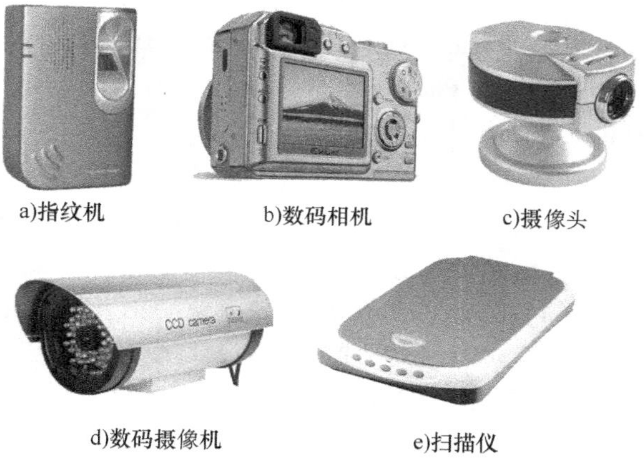

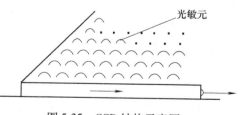

a)指纹机　　　　b)数码相机　　　　c)摄像头

d)数码摄像机　　　　e)扫描仪

图 5-34　典型的 CCD 传感器

1. CCD 种类

CCD 有面阵和线阵之分，面阵是把 CCD 像素排成一个平面的器件；而线阵是把 CCD 像素排成一直线的器件。面阵 CCD 的结构一般有三种。

第一种是帧转移型 CCD。它由上、下两部分组成，上半部分是集中了像素的光敏区域，下半部分是被遮光而集中了垂直寄存器的存储区域。其优点是结构较简单并容易增加像素数，缺点是 CCD 尺寸较大，易产生垂直拖影。

第二种是行间转移型 CCD。它是目前 CCD 的主流产品，它们是像素群和垂直寄存器在同一平面上，其特点是在一个单片上，价格低，容易获得良好的摄影特性。

第三种是帧行间转移型 CCD。它是第一种和第二种的复合型，结构复杂，但能大幅减少垂直拖影并容易实现可变速电子快门等优点。

2. 工作原理

CCD 的基本组成分两部分，MOS（金属－氧化物－半导体）光敏元阵列和读出移位寄存器。电荷耦合器件是在半导体硅片上制作成百上千（万）个光敏元，一个光敏元又称一个像素，在半导体硅平面上光敏元按线阵或面阵有规则地排列，如图 5-35 所示。

当物体通过物镜成像，这些光敏元就产生与照在它们上面的光强成正比的光生电荷（光生电子－空穴对），同一面积上光敏元越多分辨率越高，得到的图像越清楚。电荷耦合器件具有自扫描能力，能将光敏元上产生的光生电荷依次有规律的串行输出，输出的幅值与对应的光敏元件上电荷量成正比。

光敏元

图 5-35　CCD 结构示意图

5.5.2 CCD 传感器的应用

CCD 传感器应用时是将不同光源与透镜、镜头、光导纤维、滤光镜及反射镜等各种光学元件结合起来，主要应用在以下领域：

1. 走入千家万户的 CCD

（1）Camcorder 摄录一体化 CCD 摄像机，这是面阵 CCD 应用最广泛的领域。

（2）TV Phone 据资料介绍，有些移动电话公司正在研发带视频图像摄入和显示的手机。

（3）PC Camera 到 21 世纪初，随着计算机网络系统的发展，PC Camera 作为计算机前端和图像输入系统，将以不可阻挡的发展势头深入到计算机应用的方方面面，也会很快进入家庭。借助计算机网络，实现影音同步远程通信。

（4）Door Phone 随着住宅商品化，各种现代化住宅楼像雨后春笋般拔地而起，民用住宅的安全防范已提到日程上来，许多住宅可在室内及时地看到来访客人的实时图像和室外局部区域的情况，为防范坏人入室作案起到有效的监控作用。

（5）Scanner 为了提高各种资料、文字的输入速度，可采用各种扫描仪，经过文字，识别读取资料，将读入的文字资料转换成文件存入计算机进行编辑，以便在网络上交流。

（6）Bar Code Register（BCR） 条形码记录器在各种商业流通领域如商场、仓储连锁店等普遍采用。条形码物品记录识别系统与计算机联网可随时取得物品的各种数据。

（7）Medical 医用显微内窥镜利用超小型的 CCD 摄像机或光纤图像传输内窥镜系统，可以实现人体显微手术，减小手术刀口的尺寸、减小伤口感染的可能性、减轻病人的痛苦，如图 5-36 所示。可用于各种标本分析（如血细胞分析仪），眼球运动检测，X 射线摄像、胃镜、肠镜摄像等医疗活动，同时还可进行实时远程会诊和现场教学。

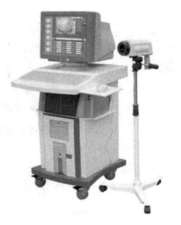

图 5-36　CCD 在医学诊断中的应用

（8）Vehicle Camera 驾驶人员借助车内加装 CCD 摄像机、车上的后视镜系统和驾驶员前面的显示器，不仅可随时看到车内的情况，而且可在倒车时观察后面的道路情况，在向前行进过程中也能随时看到后方车辆所保持的距离，提高了行车安全。

（9）Closed Circuit Television（CCTV） CCTV 是近几年被大家广泛注意的电视监控系统，目前，已发展成为一种新的产业。以 CCD 摄像机为主要前端传感器，带动了一系列配套主机和配套设备以及传输设备的研制和生产。

（10）Broadcast 正是由于研制出了新的高质量、高分辨率的 CCD 摄像机器件，所以才有可能制造出适合广播电视用的 CCD 摄像机，促进了电视事业的飞速发展。

2. 工业检测

工业检测是 CCD 传感器应用范围很广的一个领域，在钢铁、木材、纺织、粮食、医药、机械等领域做零件尺寸的动态检测，产品质量、包装、形状识别、表面缺陷或粗糙度检测。

（1）管径测量。CCD 诞生后，在工业检测中首先制成测量长度的光电式传感器，用于测量拉丝过程中丝的线径、轧钢的直径、机械加工的轴类或杆类的直径等等，如图 5-37 为玻璃管直径与管壁厚度的测量。

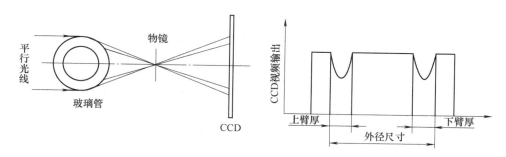

图 5-37　测量轴类或者杆类的直径

利用 CCD 配合适当的光学系统，对玻璃管相关尺寸进行实时监测，用平行光照射待测玻璃管，经成像物镜将尺寸影像投影在 CCD 光敏像元阵列面上。

由于玻璃管的透射率分布的不同，玻璃管的图像在边缘处形成两条暗带，中间部分的透射光相对较强形成亮带。玻璃管像的两条暗带最外的边界距离为玻璃管外径成像的大小，中间亮带反映了玻璃管内径成像的大小，而暗带则是玻璃管的壁厚成像大小。将该视频信号中的外径尺寸部分和壁厚部分进行处理后，由计算机采集这两个尺寸所对应的时间间隔（例如脉冲计数），经一定的运算便可得到待测玻璃管的尺寸及偏差值。

（2）工业尺寸检测。如图 5-38 所示，物体通过物镜在 CCD 光敏元上形成影像。没有扫描到工件时，CCD 输出正脉冲；当 CCD 检测到工件时，输出负脉冲，该脉冲经整形计数后的脉冲数表征被测量工件的尺寸或缺陷。

（3）高度自动检测。利用 CCD 传感器非接触测量物体的高度，尤其是在检修流水线上动态测量缓冲器的自由高度，精度可以达到 ±0.2mm，如图 5-39 所示。

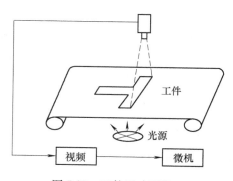

图 5-38　工件尺寸测量

采用 CCD 摄像机作为传感器拍摄被测物体，在图 5-39b 所示的原理框图中，CCD 输出的视频信号 TVIN，经 LM1881 同步分离出行、场同步信号 HD、VD 和后沿脉冲信号 BST。行、场同步信号经消隐形成电路产生的标准行同步信号 HB 和场同步信号 VB，分别申请 80C196 的两个外部中断；同时视频信号经 EL4089 直流恢复放大，再通过一反相比较器后，与行、场标准同步信号相与，这样处理后的信号里只包含 CCD 拍摄到的视频信号，送计数器计数后经锁存器，送入 80C196 CPU 进行数据处理，计算出被测物体的高度。

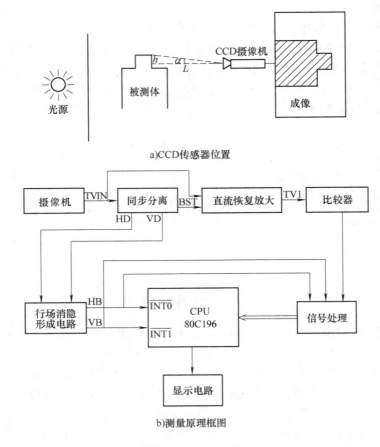

a)CCD传感器位置

b)测量原理框图

图 5-39　CCD 测高

3. 其他方面

（1）用于传真技术，文字、图像识别。例如用 CCD 识别集成电路焊点图案，代替光点穿孔机的作用；光学字符识别，代替人眼，把字符变成电信号，数字化后用计算机识别。

（2）在自动控制方面。主要作计算机获取被控信息的手段，如自动流水线装置、机床、自动售货机、自动监视装置、指纹机等。

（3）可作为机器人的视觉系统。

（4）天文观测。包括天文摄像观测、航空遥感、卫星侦察、从卫星遥感地面等。如：1985 年欧洲空间局首次在 SPOT 卫星上使用大型线阵 CCD 扫描地面，分辨率提高到 10m。

（5）军事上。如微光夜视、导弹制导、目标跟踪、军用图像通信等。

 温馨提示

（1）对不同型号的 CCD 器件而言，其工作原理是相同的。不过，不同型号的 CCD 器件具有完全不同的外型结构和驱动程序，在实际使用时必须加以注意。我们可以通过器件供货商或直接向生产厂家索取相关资料，为 CCD 器件的应用提供技术支持。

（2）评估摄像机分辨率的指标是水平分辨率，其单位为线对，即成像后可以分辨的黑白线对的数目。常用的黑白摄像机的分辨率一般为 380～600 线，彩色为 380～480 线，其数值越大成像越清晰。一般的监视场合，用 400 线左右的黑白摄像机就可以满足要求。而对于医疗、图像处理等特殊场合，用 600 线的摄像机能得到更清晰的图像。

📖 阅读材料：CCD 图像传感器在军事上的应用

随着半导体技术的迅速发展，CCD 图像传感器技术的成熟步伐大大加快。在军用 CCD、空间 CCD 等高技术竞争中，美、日一直处于领先地位。我国的 CCD 研究虽然起步比较晚，但在某些方面已达到世界领先水平，如彩色 CCD 摄像机。今后，CCD 传感器必然朝着多像元素、高分辨率、微型化的方向发展，其性能的不断提高为军事应用展现了更加光明的前景。

1. CCD 摄像器件在坦克红外夜视瞄准仪中的应用

从其工作原理来说，红外夜视瞄准仪可分为两大类，即主动式和被动式。由于被动式结构复杂，需要低温致冷，目前很少运用。因此主要介绍主动式红外夜视瞄准仪。

主动式红外夜视瞄准仪由红外照明光源、红外摄像机、摄像机控制器、显示器等几部分构成。其工作原理如图 5-40 所示，红外光源发出红外光经目标反射后被红外摄像机获得，而后经摄像机控制器输出到显示器。

由于 CCD 与传统的对红外敏感摄像件（如 Si 靶红外视像管）相比有体积小、重量轻、功耗低、寿命长等优点，所以 CCD 摄像器件的应用非常方便。

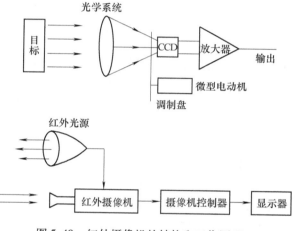

2. X 光光电检测系统

目前，无损检测是一门比较新的学科，很多技术已经成熟，并且已成功运用

图 5-40 红外摄像机的结构和工作原理

于武器装备的检测中。由于无损检测的运用，大大缩短了武器装备检测的费用，同时缩短了检测时间，使检测工作便于操作。现在已经在实践中成功运用的 X 光光电检测系统就是一种比较好的无损检测手段。

武器装备的探伤包括装甲车辆焊接部位的检查，飞机零件、发动机曲轴质量的探视等。通常，这类检查是采用高压（几百千伏）产生的硬 X 射线穿透零件进行拍片观察的。这种检查产生的 X 射线对人体危害极大，弊端很多，在实际应用中很不方便。

图 5-41 所示是采用 X 光光电检测系统对武器装备进行探伤，它改变了过去的常规方式，实现了检测工作的流水作业，具有安全、迅速、节约等多种优越性，是一种较为理想的检测方法。

其原理是 X 光穿透被测物体投射到 X 光增强器的阴极上，经过 X 光增强器变换和增强的可见光图像为 CCD 所摄取，进一步变成视频信号。视频信号经采集板采集并处理为数字信号送入计算机系统。计算机系统将送入的信号数据（含形状、尺寸、均匀性等数据）与

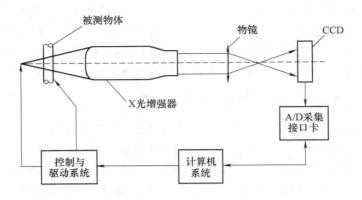

图 5-41 X 光光电检测系统的原理图

原来存储在计算机系统中的数据比较，于是便可检测出误差数值等一系列数据来。检测的结果不仅可以显示或由外部设备打印记录下来，而且还可将差值数据转换为模拟信号，用以控制传送、分类等伺服机构，自动分检合格与不合格产品，实现检测、分类自动化。

本 章 小 结

光电管和光电倍增管基于外光电效应工作，将光的量转换成电量。

光电管由一个光电阴极和阳极封装在真空玻璃壳内组成。在光电路中，无光照射，电路不通。有光照射时，电路中有光电流，根据其大小可知光量的大小。

光电倍增管是在光电管的基础上，增设多个倍增极（二次电子发射体），使它的灵敏度大大提高。

光敏电阻基于光电导效应工作，由掺杂的半导体薄膜沉积在绝缘基片上而成，纯粹是个电阻，没有极性，可以在直流、交流电路中工作，用有无光照时电阻的变化来检测光的存在和强度的。

光敏二极管和光敏晶体管基于光生伏特效应工作。无光照射时只有很小的暗电流，管子截止；有光照射时，产生光电流，管子导通，光电流随光强的增加线性地增大。

光纤传感器有功能型和传光型两种。功能型传感器中，光纤不仅起到传光作用，而且是传感元件；传光型传感器中，光纤只起传光作用，待测对象的调制功能是由其他光电转换元件做传感元件来实现的。光纤传感器常用来测量位移、温度等，同时也在压力、流速等方面测量中得到应用。

CCD 是最近几年比较流行的光电传感器，有面阵和线阵之分，广泛应用于生活、生产、医疗、军事等各个领域。

复 习 与 思 考

1. 填空题

（1）能使物体发射光电子的_____称为红限频率。

（2）基于外光电效应的光电器件有_____、_____；基于光电导效应的光电器件有_____；基于光生伏特效应的光电器件有_____、_____。

（3）光电管由一个_____和_____封装在_____组成，_____涂有光敏材料。

（4）当_____撞击物体表面时，它将一部分能量传给_____，使电子从_____逸出，称二次电子发射。

（5）光敏电阻的工作原理是基于_____效应，由掺杂的_____沉积在_____上而成，纯粹是个_____，没有极性。

（6）光纤主要由_____、_____和_____三部分组成。

（7）光纤大致可分为_____型与_____两类。

（8）CCD 主要由_____、_____和_____等组成，CCD 有_____阵和_____阵之分。

2. 简答题

（1）基于外光电效应的光传感器有哪些？基于内光电效应的传感器有哪些？

（2）第二代光电鼠标、第一代光电鼠标和机械鼠标最明显的区别是什么？

（3）观察何处有自动旋转门，试分析其工作原理。

（4）互联网上使用的光纤是功能型的还是传光型的？

（5）你有数码相机吗？它属于何种光传感器？

（6）你周围还有哪些光传感器？

3. 连连看

1. 红外光电开关

a)

2. 光敏电阻

b)

3. 光电管

c)

4. 光纤式传感器

d)

5. 光电倍增管

e)

趣味小制作：报警器

利用我们学过的光电开关，自己制作简易报警器。

1. 所需材料

透射式光电开关、GD－C型光电开关放大器、电铃（灯）、导线。

2. 原理

GD-C型光电开关放大器工作电压可以是交流110V，也可以是交流220V，透射式、反射式的光电开关均可使用该放大器。其有14个接线端子，以透射式光电开关为例，具体接线如图5-42a所示。

如果使用交流220V、50Hz电源，接在10～11端子上即可；光电开关发射管分别接到5～7端子，接收管分别接到1～4。

调整好光电开关发射管和接收管的位置，正常情况下，光电开关接收管可以接收到发射管发射出来的光信号，12～13为光电开关放大器的常闭输出触点、13～14为常开输出触点；当光路被隔断，光电开关放大器8端输出一个脉冲波，同时各输出触点动作。

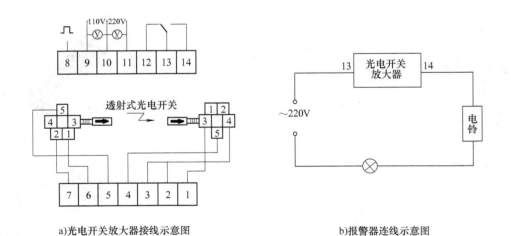

a)光电开关放大器接线示意图   b)报警器连线示意图

图5-42　光电报警器

将光电开关常开触点13～14接入图5-42b所示线路中，当光电开关光路被隔断时，13～14触点闭合，电铃报警。喜欢声光同时报警的可以再接一个指示灯。

3. 制作提示

（1）根据现场具体情况，选取合适的光电开关的位置，越隐蔽越好；

（2）如果是重要场所，可以买两个光电开关，分别放置两个不同的高度处，例如距离地面0.8m和1.5m处。

（3）不喜欢电铃的，可以换成音乐芯片，甚至可以连接到收音机的电源上，有情况报警时直接打开收音机。

第6章　电动势型传感器及其应用

将被测量转换为电动势的传感器称电动势型传感器。常用的有热电偶、压电式传感器、磁电式传感器、霍尔元件等。

6.1　热电偶及其应用

 **思考一**：日常生活中常用水银温度计进行温度测量，但是在工业上或者高温下测量温度时，又该使用何种传感器呢？

1. 了解热电偶的种类、结构及其工作原理；
2. 熟悉热电偶的应用。

6.1.1　热电偶的种类、结构及其工作原理

1. 热电偶种类和结构

图6-1所示为热电偶外形。

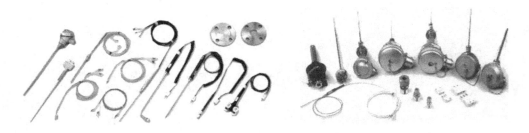

图6-1　热电偶

按照热电极本身的结构划分，热电偶有普通热电偶、薄膜热电偶、铠装热电偶。如图6-2所示。

普通热电偶，它是两根不同金属热电极用绝缘套管绝缘，外层加保护套管而成，主要用于气体、蒸汽、液体等的测温。

薄膜热电偶，它是热电极材料经真空蒸馏等工艺在绝缘基片上形成薄膜热电极而成。其工作端既小又薄，适于火箭、飞机喷嘴等微小面积上测温。

铠装热电偶，它是热电极、绝缘材料和金属保护套管组成一体经拉伸而成的坚实组合体，可做得又细又长，适于狭小地点的测温。

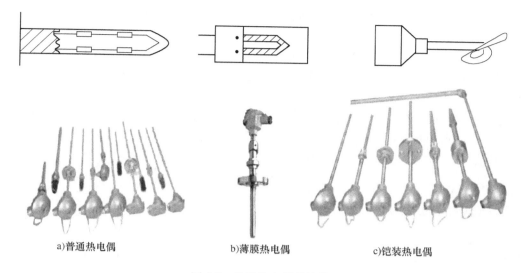

a)普通热电偶   b)薄膜热电偶   c)铠装热电偶

图6-2 几种热电偶的结构

2. 热电偶的工作原理

（1）热电效应。两种不同类型的金属导体两端，分别接在一起构成闭合回路，当两个结点温度不等（$T > T_0$）有温差时，回路里会产生热电动势，形成电流。这种现象称为热电效应。利用这种效应，只要知道一端结点温度，就可以测出另一端结点的温度。

图6-3所示是热电偶结构示意图，固定温度的接点称基准点（冷端）T_0，恒定在某一标准温度；待测温度的接点称测温点（热端）T，置于被测温度场中。

这种将温度转换成热电动势的传感器称为热电偶，金属称热电极。

热电偶中热电动势的大小与两种导体的材料性质有关，与结点温度有关，实际应用时，不是测量回路电流，而是测量开路电压。基准端装入冰水，根据所测电压值求测点温度。各个国家都有自己的工业标准，一般都以0℃为基准端温度，给出温差电动势电压。

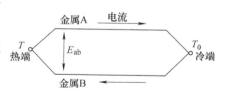

图6-3 热电偶结构示意图

（2）两种导体的接触电动势。不同金属自由电子密度不同，当两种金属接触在一起时，在结点处会发生电子扩散，电子从浓度高的向浓度低的金属扩散，如图6-4所示。浓度高的失去电子显正电，浓度低的得到电子显负电。当扩散达到动态平衡时，得到一个稳定的接触电动势。

（3）单一导体的温差电动势。对于单一金属，如果两边温度不同，两端也会产生电动势。产生这个电动势是由于导体内自由电子在高温端具有较大的动能，会向低温端扩散。高温端失去电子带正电，低温端得到电子带负电。

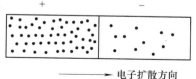

→ 电子扩散方向

图6-4 两种导体的接触

综上所述有如下结论：

1）热电偶两电极材料相同时，无论两端点温度如何，回路总电动势为零；

2）如果热电偶两接点温度相同时，即使A、B材料不同，回路总电动势为零。

因此，热电偶必须用不同材料做电极，在 T、T_0 两端必须有温度差，这是热电偶产生热电势的必要条件。

（4）中间导体定律。当引入第三导体 C 时，只要 C 导体两端温度相同，回路总电动势不变，根据这一定律，将导体 C 作为测量仪器接入回路，就可以由总电动势求出工作端温度。

（5）标准电极定律。导体 C 分别与热电偶两个热电极 A、B 组成热电偶 AC 和 BC，当保持三个热电偶的两端温度相同时，则热电偶 AB 的热电动势等于另外两个热电偶 AC 和 BC 的电动势之差，称标准电极定律。通常用铂丝制作导体 C，称标准电极。该定律方便了热电极的选配工作。

6.1.2 热电偶的应用

思考二： 热电偶主要用来测温，可以测量上千度的高温，并且精度高、性能好，这是其他温度传感器无法替代的。但除此之外，热电偶还能干什么呢？

1. 温度测量

对温度测量要求不高的场合，可以直接将仪表和热电偶连接。这样的线路简单，价格便宜。通常在测量系统中设置一个"基准温度"（恒定温度）。对于利用热电偶进行测温的系统中，需用冰点槽法。即是将冰与水混合后置于保温桶中，保持 0℃ 的恒定温度，如图 6-5 所示，并校正仪表的零点准确性。

将热电偶置于被测温度场中，通过电位差计将温度变化变换为电压信号输出。根据输出电压大小即可知道被测温度的变化。

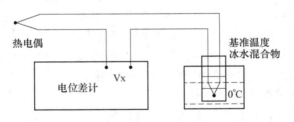

图 6-5 热电偶测温示意图

2. 炉温自动记录仪

炉温自动记录仪能测量、记录和分析在炉中的工件和空气的温度变化曲线，从而对锅炉进行相应的控制，以节约能耗，提高效率。

当要求测量精度较高、并需要自动记录被测量时，常与自动电位差计等精密仪表配套使用。如图 6-6 所示。

当炉温没有变化时，调整电位差计，使其电压 E_2 等于热电动势 E_1，则 CD 之间无电势差，后续电路没有信号输出，电动机不动。

当炉温有变化时，热电偶输出的热电动势 E_1 也变化，CD 之间出现电动势差，经变换、放大后驱动电动机旋转，调整电位差计输出，同时拖动记录计左右移动，直到电位差计输出电位重新等于热电势，电机停。经标定后记录计上直接显示的就是炉温温度。

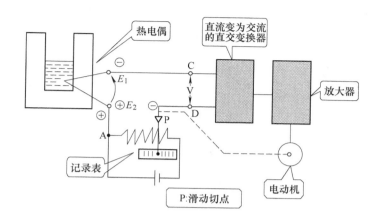

图 6-6　炉温自动记录仪

 **温馨提示**

（1）热电偶在使用过程中，尤其是在高温作用下，热电偶不断受到氧化、腐蚀而引起热电特性的变化，使误差不断扩大。为此需要对热电偶定期进行校验。

（2）当误差超过规定值时，需要更换热电偶，经校验后再使用。

6.2　压电式传感器及其应用

 思考三：你使用过燃气点火器吗？你知道它里面有什么传感器吗？

1. 了解压电式传感器
2. 熟悉压电式传感器的应用；
3. 开阔视野：压电薄膜传感器的典型应用。

6.2.1　压电式传感器

1. 压电效应

当某些晶体在一定方向上受到外力作用时，在某两个对应的晶面上，会产生符号相反的电荷，当外力取消后，电荷也消失。作用力改变方向（相反）时，两个对应晶面上电荷符号改变，该现象称正压电效应，如图 6-7 所示。

反之，某些晶体在一定方向上受到电场（外加电压）作用时，在一定的晶轴方向上将产生机械变形，外加电场消失，变形也随之消失，该现象称逆压电效应。

2. 压电材料

自然界具有压电效应的材料很多，常见的有石英晶体、压电陶瓷等，如图 6-8 所示。

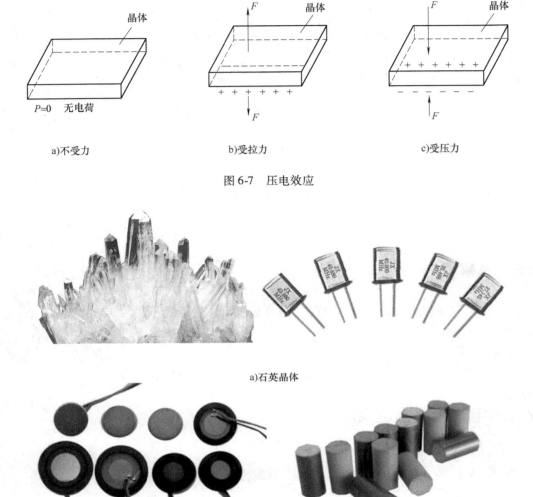

a)不受力   b)受拉力   c)受压力

图6-7　压电效应

a)石英晶体

b)压电陶瓷

图6-8　压电材料

石英晶体是最有代表性的压电晶体，天然石英晶体和人工石英晶体都属于单晶体，外形结构呈六面体，沿各方向特征不同。如图6-9所示，取出一个切片，是一个六面棱柱体，其三个直角坐标中，z轴称晶体的对称轴，该轴方向没有压电效应；x轴称电轴，电荷都积累在此轴晶面上，垂直于x轴晶面的压电效应最显著；y轴称机械轴，逆压电效应时，沿此轴方

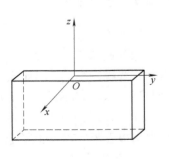

图6-9　石英晶体

向的机械变形最显著。

思考四： 压电陶瓷与石英晶体有什么不同呢？

压电陶瓷是人工制造的多晶体压电材料，材料的内部晶粒有许多自发极化的电畴，有一定的极化方向。

无电场作用时，电畴在晶体中杂乱分布，极化相互抵消，呈中性。施加外电场时，电畴的极化方向发生转动，趋向外电场方向排列，如图 6-10 所示。外电场越强，电畴转向外电场的越多。外电场强度达到饱和程度时，所有的电畴与外电场一致。外电场去掉后，电畴极化方向基本不变，剩余极化强度很大。所以，压电陶瓷极化后才具有压电特性，未极化时是非压电体。

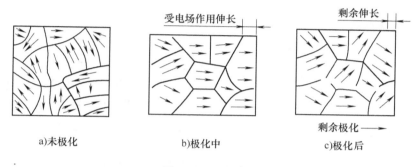

图 6-10　压电陶瓷

压电陶瓷具有良好的压电效应，采用压电陶瓷制作的传感器灵敏度较高，但石英晶体除压电系数小外所具有的更多优点，尤其是稳定性，是其他压电材料无法比的。

3. 压电元件的等效电路和电荷放大器

压电元件可以等效成一个电荷源和一个电容并联的等效电路，如图 6-11 所示，它是内阻很大的信号源，因此要求后面与它配接的前置放大器具有高输入阻抗。

前置放大器有两个作用，一是放大微弱的信号，二是阻抗变换。由于压电元件输出可以是电压源，也可以是电荷源。因此，前置放大器也有两种形式：电荷放大器和电压放大器。

目前多用电荷放大器，它是一个电容负反馈高放大倍数运算放大器，其等效电路如图 6-12所示，该放大器输出电压为

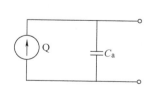

图 6-11　压电元件等效电路

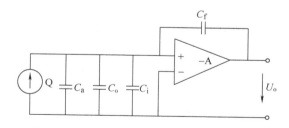

图 6-12　电压元件接电荷放大器等效电路

$$U_o \approx -\frac{Q}{C_f} \tag{6-1}$$

从式（6-1）可以看出，放大器输出电压只与压电元件产生的电荷量 Q 和反馈电容 C_f 有关，而与配接电缆的分布电容 C_o 无关，从而使配接电缆长度不受限制。但电缆的分布电容影响测量精度。

为了提高灵敏度，同型号的压电片叠在一起，连接电路有串联和并联之分。

6.2.2 压电式传感器的应用

压电式传感器具有体积小、重量轻、结构简单、测量频率范围宽等特点，是应用较广的力传感器，但不能测频率太低的被测量，特别是不能测量静态量，目前多用于加速度和动态的力或者压力。

1. 压电式力传感器

压电元件作为直接将力转换为电的传感器，如图 6-13 所示为 YDS-78I 型压电式单向力传感器结构，它主要用于变化频率中的动态力的测量，如车床动态切削力的测试。被测力通过传力上盖 1 使石英晶片 2 在沿电轴方向受压力作用而产生电荷，两块晶片沿电轴反方向叠起，其间是一个片形电极，它收集负电荷。两压电片正电荷分别与传力上盖 1 及底座 6 相连，因此两块压电晶片被并联起来，提高了传感器的灵敏度。片形电极 3 通过电极引出插头 4 将电荷输出，其测力范围为 0 ~ 5000N，非线性误差小于 1%。

图 6-14 所示是压电式压力传感器的外形，感受外部压力的是很薄的膜片。当受到压力时，压电晶片上积累电荷，且积累的电荷数与所受压力成正比。通过前置放大器等测量电路将电荷变化转换成电压变化输出，输出电压大小即反应被测压力的大小。

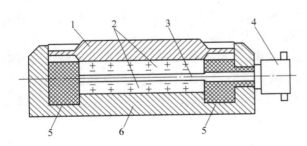

图 6-13 压电式单向力传感器结构

1—上盖 2—石英晶片 3—片形电极
4—引出插头 5—绝缘材料 6—底座

图 6-14 压电式压力传感器外形

2. 压电式加速度传感器

压电式加速度传感器具有固有频率高，高频响应好，结构简单，工作可靠，安装方便等优点。目前在振动与冲击测试技术中得到很广泛的应用。

为适应不同的使用要求，压电式加速度传感器有着多种结构，如图 6-15 所示为一种典型结构，其中惯性质量块、两压电晶片和片间的金属电极，通过预紧弹簧固定在机座上。

当传感器随被测物体做加速度运动时，壳体和机座随之运动，质量块由于惯性保持静止，这样质量块就相对于壳体产生位移，其惯性力作用在压电元件上，在压电元件上产生与加速度成正比的电荷输出，经测量转换电路处理，可测得加速度大小。

3. 其他应用

（1）燃气压电点火器。点火器主要用于燃气烧烤炉、燃气灶、燃气取暖器、燃气热水器、瓦斯灯等燃气用具，另外还用于生产照明、电子、化工等方面的瓷件，其外形如图 6-16 所示，其原理是采用机械式压电陶瓷发火装置产生电火花，先对助燃剂进行点火，再引燃喷嘴里的燃气。

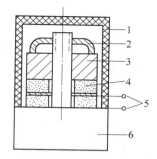

图 6-15　压电式加速度传感器
1—壳体　2—弹簧　3—质量块
4—压电晶片　5—引出电极　6—基座

图 6-16　点火器

（2）压电式玻璃破碎报警器。它是利用压电式微音器，装在面对玻璃面的位置，由于只对高频的玻璃破碎声音进行有效检测，因此不会受到玻璃本身的震动而引起反应，该报警器广泛用于玻璃门、窗的防护上。图 6-17 所示是其工作原理框图，图 6-18 所示为常见玻璃破碎报警器。

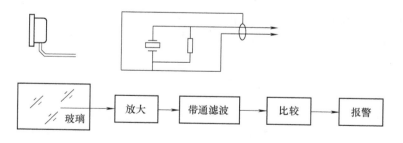

图 6-17　玻璃破碎报警器测量原理框图

（3）压电式换能器。压电式换能器广泛应用于工业、农业、交通运输、生活、医疗及军事等领域。压电式超声换能器的种类很多，按伸缩振动的方向分为厚度、切向、纵向、径向等；按压电转换方式分为发射型（电声转换，如扬声器）、接收型（声电转换，如麦克风）、发射接收复合型（如超声波换能器）等。以图6-19所示的电子血压计为例。

电子血压计利用压电换能器接收血管的压力，当气囊加压紧压血管时，因外加压力高于血管舒张压力，压电换能器感受不到血管的压力；而当气囊逐渐泄气，压电换能器对血管的压力随之减小到某一数值时，二者的压力达到平衡，此时压电换能器就能感受到血管的压力，该压力即为心脏的收缩压，通过放大器发出指示信号，给出血压值。电子血压计由于取消了听诊器，减轻了医务人员的劳动强度。

图6-18 玻璃破碎报警器

图6-19 电子血压计

（4）压电薄膜元件。PVDF压电薄膜是一种新型的高分子压电材料，在医用传感器中应用很普遍。它既具有压电性又有薄膜柔软的机械性能，用它制作压力传感器，具有设计精巧、使用方便、灵敏度高、频带宽、与人体接触安全舒适，能紧贴体壁，以及声阻抗与人体组织声阻抗十分接近等一系列优点，可用于脉搏心音等人体信号的检测。脉搏心音信号携带有人体重要的生理参数信息，通过对这些信号的有效处理，可准确得到波形、心率次数等人体生理信息，可为医生提供可靠的诊断依据。

压电薄膜元件还主要用于汽车防盗报警器，卧式滚筒洗衣机振动不平衡及其他要求安静、小噪音的家用电器中，如空调等振动信号的检测，压电薄膜元件也可以用于计数器的触发器作为柔性开关。

📖 **阅读材料：压电薄膜传感器的典型应用**

压电薄膜（Piezo Film）是一种柔性、很薄、质轻、高韧度塑料膜，并可制成多种厚度和较大面积的阵列元件。作为一种高分子功能传感材料，在同样受力条件下，压电薄膜输出信号比压电陶瓷高，具有动态范围宽、低声阻抗、高弹性、柔顺性好、高灵敏度、可耐受强电场作用、高稳定性、耐潮湿、易加工、易安装等特点。图6-20所示为几种常见的压电薄膜元件。

1. 加速度计

（1）ACH－01（通用型）。如汽车报警器、运输损坏、机器监控、扬声器动态反馈、电

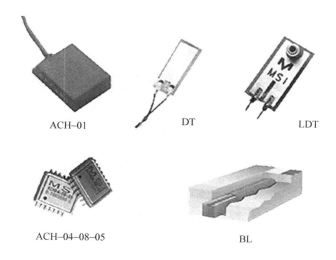

图 6-20　压电薄膜元件

器监测。

（2）ACH04－08（多轴）。如磁盘驱动器震动传感器、冲击开关、地震监测、生物医学监控等。

2. 振动/动作薄膜传感器

（1）DT 系列（无叠片，无屏蔽）。如动态应力计、声学拾音器、乐器触发器。

（2）LDT 系列（叠片，非屏蔽）及 LDTC。防盗警报器、售卖机应用（分发检验、投币计数器、防篡改、穿插面板）。

（3）电器监测。洗衣机不平衡监测（如图 6-21 所示）、微波拾音器、洗碗机喷洒装置、水流传感器、真空土壤监测。

（4）SDT 系列（无叠片，屏蔽）。乐器触发器、接触麦克风。

（5）定制传感器：断纱/张力、医疗监控（病床监测、血压和脉搏检测、胎儿心脏监视器、窒息监控、麻醉监视器、呼吸气流、睡眠紊乱、心脏起搏器传感器）。

图 6-21　洗衣机不平衡电器检测

3. 音频/声学

扩音器（水下听音器）、听诊器、声学拾音器、流体传感器、扬声器（高频扬声器、寻呼机）等。

4. 超声波（40 kHz 与 80 kHz）

40kHz 电子白板、80kHz 手写笔、医用成像导管、相控阵、无损探伤、水平传感器（喷墨，调色）、机器人触觉感受器等。

5. 交通传感器

BL 系列：汽车分类、行驶中称重、速度/红灯管制、机场滑行道、停车场监控。图 6-22 所示是利用压电薄膜进行汽车监控。

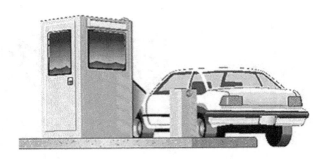

图 6-22　汽车监控

6.3　磁电式传感器及其应用

 **思考五**：你知道利用电磁感应原理工作的传感器还有什么吗？

1. 了解磁电式传感器的工作原理及其结构；
2. 熟悉磁电式传感器的应用。

6.3.1　磁电式传感器的工作原理、分类及其基本结构

磁电式传感器是利用电磁感应原理，将运动速度、位移等物理量转换成线圈中的感应电动势输出，所以又叫感应式或电动式传感器。其特点是工作时不需要外加电源，可直接将被测物体的机械能转换为电量输出，是典型的电动势型传感器。

磁电式传感器的优点是不需要工作电源、输出功率较大、性能稳定以及具有一定的工作频带宽度（一般为 10～100Hz）等。

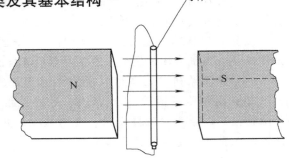

图 6-23　电磁感应

1. 工作原理

如图 6-23 所示，当导体在稳恒均匀磁场中，沿垂直磁场方向运动时，导体内产生的感应电动势为

$$e = Blv \tag{6-2}$$

式中　B——稳恒均匀磁场的磁感应强度（T）；

l——导体的有效长度（m）；

v——导体相对磁场的运动速度（m/s）。

当一个 N 匝相对静止的导体回路处于随时间变化的磁场中时，导体回路产生的感应电动势 e 的大小与穿过线圈的磁通量 Φ 变化率有关。

$$e = -N \frac{\mathrm{d}\Phi}{\mathrm{d}t} \tag{6-3}$$

式中　Φ——导体回路每匝包围的磁通量（Wb）；

　　　N——线圈匝数。

磁电式传感器是以导体和磁场发生相对运动而产生感应电动势为基础的电势型传感器，其外型如图 6-24 所示。其结构基本上分为两部分：一是磁路系统，通常由永久磁铁产生恒磁场；另一部分是工作线圈。按照磁路结构，磁电式传感器可以分为两类：变磁通式和恒磁通式。

图 6-24　磁电式传感器的外型

2. 分类及其基本结构

在实际应用中磁电式传感器一般有两种类型，变磁通式磁电传感器与恒磁通式磁电传感器。

变磁通式又称磁阻式，线圈、磁铁静止不动，转动物体引起磁阻、磁通变化，该类传感器常用于角速度的测量。其典型结构如图 6-25 所示，当齿轮旋转时，齿的凹凸引起永久磁铁磁路中磁阻的变化，使磁路中的磁通变化，从而使线圈中感应出电动势。

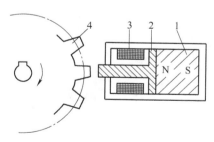

图 6-25　变磁通式磁电传感器
1—永久磁铁　2—软铁
3—感应线圈　4—铁齿轮

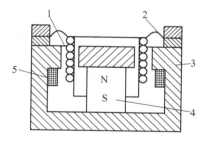

图 6-26　恒磁通式磁电传感器
1—工作线圈　2—弹簧　3—磁轭
4—永久磁铁　5—补偿线圈

恒磁通式又称动圈式，磁路系统恒定，磁场运动部件可以是线圈也可以是磁铁，该类传感器常用于振动速度的测量。其典型结构如图 6-26 所示，当被测体进行直线运动时，线圈与固定的磁场发生相对运动产生感应电动势，其大小与直线运动速度成正比。由于它的工作频率不高，输出信号足够大，故配用一般的交流放大器即能满足要求。

6.3.2 磁电式传感器的应用

1. 动圈式振动速度传感器

图 6-27 所示是振动测量用的动圈式振动速度传感器结构示意图，它具有圆柱形外壳 2，里面用铝支架 4 将圆柱形永久磁铁 5 与外壳 2 固定在一起，永久磁铁中间有一小孔，穿过小孔的芯轴两端架起线圈 6（动圈）和阻尼环 7，芯轴两端通过圆形膜片 3（弹簧片）支撑架空与外壳相连。

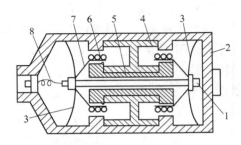

图 6-27 动圈式振动速度传感器结构示意图
1—芯轴 2—外壳 3—圆形膜片（弹簧片）
4—铝支架 5—永久磁铁 6—线圈（动圈）
7—阻尼环 8—引线

测量时将传感器与被测物体紧固在一起，当物体振动时，传感器外壳和永久磁铁随着振动，而架空的芯轴、线圈和阻尼环整体地因惯性而不随之振动。因而，磁路空气隙中的线圈切割磁力线产生正比于振动速度的感应电动势，线圈的输出通过引线接到测量电路。

该类传感器测量的是振动速度，若在测量电路中接入积分电路，则输出与位移成正比；若在测量电路中接入微分电路，则输出与加速度成正比。既磁电式传感器还可以测量振动物体的振幅（位移）和加速度。

2. 磁电式转速传感器

采用磁电式传感器来测速，传感器输出信号无需放大、抗干扰性能好、无需外接电源、可在烟雾、水气、油气、煤气等恶劣环境中使用。

图 6-28 所示为磁电式转速传感器的结构与外形图，它由转子、定子、永久磁铁、线圈等元件组成。传感器的转子和定子均用工业纯铁制成，在它们的圆形端面上都均匀地铣了一定数量的凹槽。

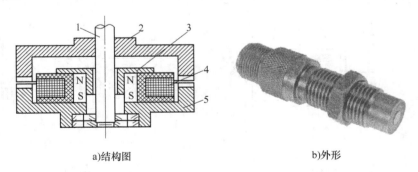

a)结构图　　　　　　　　　　　　　b)外形

图 6-28 磁电式转速传感器
1—转轴 2—转子 3—永久磁铁 4—线圈 5—定子

在测量时，将传感器的转轴 1 与被测物体转轴相连接，当转子与定子的齿凸凸相对时，气隙最小，磁通最大；当转子与定子的齿凸凹相对时，气隙最大，磁通最小。这样定子不动而转子转动时，磁通就周期性地发生变化，从而在线圈中感应出近似正弦波的电动势信号。

若该转速传感器的输出量是以感应电动势的频率来表示的，则其频率 f 与转速 n 间的关

系式为

$$n = \frac{60f}{z} \tag{6-4}$$

式中　n——被测体转速（r/min）；

　　　z——定子或转子端面的齿数；

　　　f——感应电动势的频率（Hz）。

3. 磁电式智能流量计

图 6-29 所示的磁电式智能流量计是新型智能流量仪表，是电磁流量计的最新替代产品。广泛应用于石油、化工、冶金、造纸、食品、印染、以及环保工程中液体的流量测量。

磁电式智能流量计是根据法拉第电磁感应原理研制的，在其壳体底部放置一个永久磁铁产生强磁场，磁力线穿过管道，当介质流过流量计中的强磁场时，切割磁力线感应出脉动的电动势，用电极检出电信号，在一定的流速范围内其频率正比于流量。再将电极输入高频振

图 6-29　磁电式智能流量计

荡信号，该信号受流量信号调制，经调制后高频信号进入检测器，单片机进行运算与处理，准确检出流量信号，输入显示仪单片机进行流量运算和功能与处理。

6.4　霍尔式传感器及其应用

思考六： 霍尔你知道是谁吗？你听说过霍尔传感器吗？

1. 了解霍尔式传感器的结构和外形；
2. 了解霍尔电动势的产生原理；
3. 熟悉霍尔式传感器的应用。

6.4.1　霍尔式传感器

基于霍尔效应工作的传感器称为霍尔式传感器。霍尔效应是 1879 年霍尔在金属材料中发现的，有人曾想利用霍尔效应制成测量磁场的磁传感器，但终因金属的霍尔效应太弱而没有实现。随着半导体材料和制作工艺的发展，人们又利用半导体材料制成霍尔元件，由于半导体的霍尔效应显著而得到应用和发展。现在的霍尔传感器广泛用于非电量测量、自动控制、电磁测量和计算装置等方面。

1. 霍尔效应

如图 6-30 所示，在一块通电的半导体薄片上，加上和薄片表面垂直的磁场 B，在薄片的横向两侧会出现一个电压，如图 6-30 中的 V_H，这种现象就是霍尔效应，是由科学家爱德文·霍

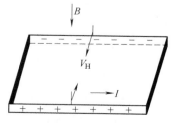

图 6-30　霍尔效应

尔在 1879 年发现的。V_H 称为霍尔电动势。

$$V_H = K_H BI \qquad (6\text{-}5)$$

式中　V_H——霍尔电动势（mV）；

　　　K_H——霍尔元件灵敏系数（mV/（mA·T））；

　　　B——磁场的磁感应强度（T）；

　　　I——半导体激励电流（mA）。

霍尔电压除了与磁感应强度和激励电流成正比外，还与半导体的厚度有关，为了提高霍尔电动势值，霍尔元件常制成薄片状。

2. 霍尔元件

霍尔元件结构简单，如图 6-31b 所示，从一个矩形薄片状的半导体基片上的两个相互垂直方向的侧面上，各引出一对电极，一对称为激励电流端，另一对称为霍尔电动势输出端。

按照霍尔器件的功能可将它们分为：霍尔线性器件和霍尔开关器件。前者输出模拟量，后者输出数字量。

霍尔器件具有许多优点，它的结构牢固、体积小、重量轻、寿命长、安装方便、功耗小、频率高（可达 1MHz）、耐振动、不怕灰尘、油污、水汽及盐雾等的污染或腐蚀。

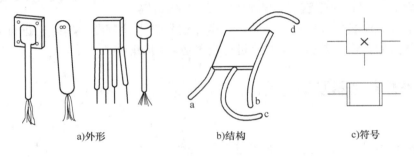

a)外形　　　　　　　　b)结构　　　　　　　　c)符号

图 6-31　霍尔元件

霍尔线性器件的精度高、线性度好；霍尔开关器件无触点、无磨损、输出波形清晰、无抖动、无回跳、位置重复精度高（可达 μm 级）。取用了各种补偿和保护措施的霍尔器件的工作温度范围宽，可达 $-55 \sim 150℃$。

3. 测量电路

霍尔元件的基本测量电路如图 6-32 所示，激励电流 I 由电压源 E 供给，其大小由可变电阻来调节。霍尔电动势 V_H 加在负载电阻 R_L 上，R_L 可以是一般电阻，也可以代表显示仪表、记录装置或者放大器的输入电阻。

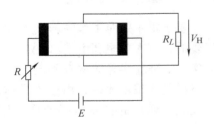

图 6-32　霍尔式传感器基本测量电路

在磁场与控制电流的作用下，负载上有电压输出。在实际使用时，I 或 B 或两者同时作为信号输入，而输出信号则正比于 I 或 B 或两者乘积。

4. 集成霍尔元件

随着微电子技术的发展，目前霍尔器件多已集成化。集成霍尔元件有许多优点，如体积小、灵敏度高、输出幅度大、温漂小、对电流稳定性要求低等。

集成霍尔元件可分为线性型和开关型两大类，线性型是将霍尔元件和恒流源、线性放大器等做在一个芯片上，输出电压较高，使用非常方便，目前得到广泛的应用。开关型是将霍尔元件、稳压电路、放大器、施密特触发器、OC 门等电路做在同一块芯片上。

6.4.2　霍尔式传感器应用

霍尔式传感器主要有下列三个方面的应用类型：

（1）利用霍尔电动势正比于磁感应强度的特性可制作磁场计、方位计、电流计、微小位移计、角度计、转速计、加速度计、函数发生器、同步传动装置、无刷直流电机、非接触开关等；

（2）利用霍尔电动势正比于激励电流的特性可制作回转器、隔离器、电流控制装置等。

（3）利用霍尔电动势正比于激励电流与磁感应强度乘积的规律可制作乘法器、除法器、乘方器、开方器、功率计等。也可以作混频、调制、斩波、解调等用途。

1. 测量磁场

使用霍尔器件测量磁场的方法极为简单，将霍尔器件做成各种形式的探头，放在被测磁场中，因霍尔器件只对垂直于霍尔片表面的磁感应强度敏感，因而必须令磁力线和器件表面垂直，通电后即可由输出电压得到被测磁场的磁感应强度。若不垂直，则应求出其垂直分量来计算被测磁场的磁感应强度值。而且，因霍尔元件的尺寸极小，可以进行多点检测，由计算机进行数据处理后得到场的分布状态，霍尔元件也可对狭缝、小孔中的磁场进行检测。

2. 微位移测量

如图 6-33 所示，当激励电流 I 恒定，霍尔电动势与磁感应强度 B 成正比，若磁感应强度 B 是位置的函数，则霍尔电动势的大小就可以反映霍尔元件的位置。

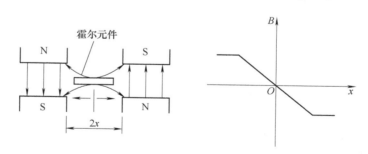

图 6-33　位移测量原理

这就需要制造一个某方向上磁感应强度 B 线性变化的磁场，当霍尔元件在这个磁场中移动时，其输出电动势反映了霍尔元件的位移 ΔX。

因为霍尔器件需要工作电源，一般令磁体随被检测物体运动，将霍尔器件固定在工作系统的适当位置，用它去检测工作磁场，再从检测结果中提取被检测信息。

工作磁体和霍尔器件间的运动方式如图 6-34 有：a 对移；b 侧移；c 旋转；d 遮断。

3. 霍尔转速表

图 6-35 所示是霍尔转速表示意图。在被测转速的转轴上安装一个齿盘，也可选取机械系统中的一个齿轮，将霍尔元件及磁路系统靠近齿盘。随着齿盘的转动，磁路的磁阻也周期

性地变化，测量霍尔元件输出的脉冲频率就可以确定被测物的转速。

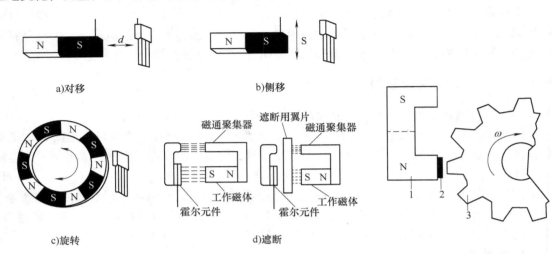

a)对移   b)侧移

c)旋转   d)遮断

图 6-34 霍尔元件与工作磁体间的运动形式

图 6-35 霍尔式传感器
转速测量示意图
1—磁铁 2—霍尔元件 3—齿盘

4. 霍尔式压力传感器

  霍尔式微压力传感器的原理如图 6-36 所示。被测压力 p 使波纹膜盒膨胀，带动杠杆向上移动，从而使霍尔元件在磁路系统中运动，改变了霍尔元件所感受的磁场大小及方向，引起霍尔电动势大小和极性的变化。由于波纹膜盒及霍尔元件的灵敏度很高，所以可用于测量微小压力的变化。

  图 6-37 所示是霍尔式压力传感器，感受压力的敏感元件不是波纹膜盒而是波登管，其原理大致相同。

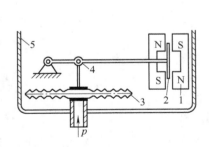

图 6-36 霍尔式微压力传感器

1—磁路 2—霍尔元件 3—波纹膜盒
4—杠杆 5—外壳

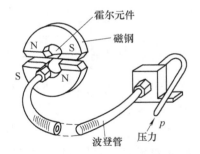

图 6-37 霍尔式压力传感器

5. 霍尔式液位传感器

  图 6-38 所示为霍尔式液位传感器，霍尔器件装在容器外面，永久磁体支在浮球上，随着液位变化，作用到霍尔器件上的磁场的磁感应强度改变，从而可测得液位。

用霍尔式液位传感器检测液位时，因霍尔器件在液体之外，可进行无接触测量，在检测过程中不产生火花，且可实现远距离测量，因此，可用来检测易燃、易爆、有腐蚀性和有毒的液体的液位和容器中的液体存量，在石油、化工、医药、交通运输中有广泛的用途。尽管目前已有许多不同工作原理的液位计出现，但对上述各种危险液体的液位实测表明，霍尔式液位传感器是其中最好的检测方法和装置之一。

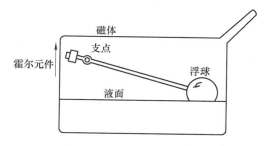

图 6-38　霍尔式液位传感器

 温馨提示

（1）为了得到较大的霍尔电动势，在直流激励时，将几块霍尔元件的输出串接；在交流激励时，通过变压器使几块霍尔元件的输出达到串接的效果。

（2）用恒流源供电或者将激励电极并联分流电阻，可以减小系统的温度误差。

本 章 小 结

热电偶是两种不同金属组成的闭合回路。当热电偶两个接点温度不同时，回路中产生热电动势。热电动势由接触电动势和温差电动势组成。

接触电动势是由于电子密度不同的两种金属的接触点存在电子扩散形成的；温差电动势是同一金属两端温度不同引起热扩散形成的。通常，热电偶中温差电动势比接触电动势小得多。热电偶工作的必要条件：两个热电极材料不同；两个接点的温度不同。热电偶按照热电极本身结构分为普通热电偶、薄膜热电偶和铠装热电偶。热电偶主要用来测温。

压电材料主要包括石英晶体和压电陶瓷等。压电元件可以等效成一个电荷源和一个电容并联，它是个内阻很大的信号源，测量中要求与它配接的放大器具有高输入阻抗，目前多用电荷放大器。该放大器输出电压只与压电元件产生的电荷量和反馈电容有关，而与配接电缆长度无关。但电缆的分布电容影响测量精度。压电传感器多用于加速度和动态力或者压力的测量。

磁电式传感器利用电磁感应原理将运动速度转换成感应电动势信号输出。按磁路结构有变磁通式和恒磁通式两种。

动圈式磁电传感器主要用于测量振动，可测振动速度，若在配接的测量电路中接有积分或者微分电路，还可以测量振动体的振幅或加速度。磁电传感器还可以测量转速、流量等。

霍尔元件基于霍尔效应的原理工作。置于磁场中的静止载流导体中的电流方向与磁场方向不一致时，载流导体在平行于电流和磁场方向上的两个面之间产生电动势的现象称霍尔效应。

霍尔电动势与导体厚度成反比，因而霍尔元件制成薄片状。

保持激励电流恒定，让磁场中某个方向上的磁感应强度线性地增加或者减少，则霍尔元件在该方向上移动时，霍尔电动势的变化反映霍尔元件的位移，用这个原理可以进行微位移测量。以此为基础可以测量如力、压力、加速度等与微位移有关的非电量。

复习与思考

1. 填空题

（1）热电偶按照热电极本身结构分为_____、_____和_____。其工作的必要条件：_____，_____。

（2）压电式传感器主要包括_____和_____。

（3）磁电式传感器利用_____原理将运动速度转换成感应电动势信号输出。按磁路结构有_____式和_____式两种。

（4）置于磁场中的静止载流导体中的_____与_____不一致时，载流导体在平行于_____和_____方向上的两个面之间产生_____的现象称霍尔效应。

2. 简答题

（1）热电偶能够工作的两个条件是什么？

（2）压电元件的等效电路电路及其特点是什么？

（3）试述磁电式传感器工作原理和特点。

（4）磁电式传感器的结构包含几部分？

（5）试述霍尔元件的简单结构。

（6）试述霍尔式传感器主要有哪几方面的应用？

3. 连连看

1. 压电陶瓷

2. 霍尔式传感器

3. 热电偶

a）

b）

c）

4. 磁电传感器

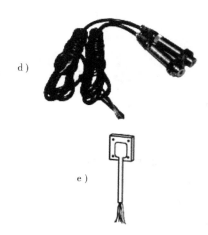

d)

5. 石英晶体

e)

第7章 半导体传感器及其应用

利用半导体材料的各种物理、化学和生物特性制成的半导体传感器，所采用的半导体材料多数是硅以及Ⅲ-Ⅴ族和Ⅱ-Ⅵ族元素化合物。半导体传感器种类繁多，具有类似于人眼、耳、鼻、舌、皮肤等多种感觉功能。其优点是灵敏度高、响应速度快、体积小、重量轻、便于检测转换一体化。半导体传感器的主要应用领域是工业自动化、遥感测量、工业机器人、家用电器、环境污染监测、医疗保健、医药工程和生物工程等。

常用的半导体传感器有热敏电阻传感器、湿敏电阻传感器、气敏电阻传感器及磁敏传感器等。

7.1 热敏电阻及其应用

思考一：热敏电阻，从字面上去理解，那就是对热（即温度）敏感的电阻；温度变化时，其电阻值就会发生变化。这些知识也许不难理解，那其余的你了解多少呢？

1. 了解热敏电阻的组成材料及特点；
2. 熟悉热敏电阻的结构外形、符号及分类；
3. 熟悉热敏电阻的应用。

7.1.1 热敏电阻的组成材料及特点

1. 组成材料

热敏电阻是一种电阻值随温度变化而发生变化的半导体热敏元件，常用热敏电阻是由金属氧化物半导体材料（如 Mn_3O_4、CuO 等）、半导体单晶锗和硅以及热敏玻璃、热敏塑料等材料，按特定工艺制成的感温元件。

2. 热敏电阻的特点

与金属热电阻相比，热敏电阻具有以下特点：

（1）灵敏度高，通常可达 $1\% \sim 6\%/℃$，电阻温度系数大。

（2）体积小，能测量其他温度计无法测量的空隙、体腔内孔等处的温度。

（3）使用方便，热敏电阻值范围广（$10^2 \sim 10^3 \Omega$），热惯性小且无需冷端补偿引线。

（4）热敏电阻其温度与电阻值之间呈非线性转换关系，其稳定性以及互换性差。

7.1.2 热敏电阻的结构外形、符号及分类

1. 结构外形与符号

热敏电阻为满足各种使用需要，通常封装加工成各种形状的探头，常见的结构外形有圆片形、柱形、珠形等。热敏电阻的结构外形与符号如图7-1所示。

2. 分类

热敏电阻按温度系数可分为两大类：负温度系数热敏电阻（NTC）和正温度系数热敏电阻（PTC）。NTC 热敏电阻以 MF 为其型号，PTC 热敏电阻以 MZ 为其型号。

NTC 热敏电阻研制的较早，也较成熟。最常见的是由金属氧化物组成的。如锰、钴、铁、镍、铜等多种氧化物混合烧结而成。

根据不同的用途，NTC 又可分为两大类。第一类为负指数型 NTC，它的电阻值与温度之间呈负的指数关系，主要用于测量温度。另一类为负突变型 NTC，当其温度上升到某一设定值时，其电阻值突然下降，多用于各种电子电路中抑制浪涌电流，起到保护作用。

根据不同的用途，PTC 又可分为两大类。第一类为正突变型 PTC，通常是在钛酸钡陶瓷中加入杂质以增大温度系数，当流过 PTC 的电流超过一定限度或 PTC 感受到的温度超过一定限度时，其电阻值突然增大，它在电子电路中多起限流、保护作用。另一类是近年来研制出的用本征锗或本征硅材料制成的线性型 PTC 热敏电阻，其线性度和互换性均较好，可用于测温。

热敏电阻的温度-电阻特性曲线如图 7-2 所示。图中 1 为突变型 NTC，2 为负指数型 NTC，3 为线形型 PTC，4 为突变型 PTC。

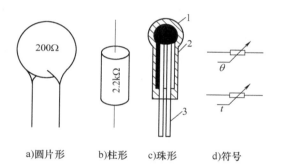

图 7-1　热敏电阻的结构外形与符号

1—热敏电阻　2—玻璃外壳　3—引出线

a)圆片形　b)柱形　c)珠形　d)符号

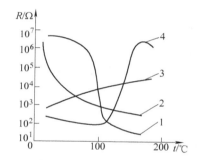

图 7-2　热敏电阻的温度-电阻特性曲线

热敏电阻的其他分类方式包括：按结构形式可分为体型、薄膜型和厚膜型三种；按工作方式可分为直热式、旁热式和延迟电路式三种；按工作温区可分为常温区（−60～200℃）、高温区（>200℃）、低温区三种。

7.1.3　热敏电阻的应用

热敏电阻以电阻值的变化表示温度的变化，适用于动态和静态测量，用途广泛。它一般可用于温度测量、温度控制、温度补偿、稳压稳幅、自动增益调整、气压测定、气体和液体分析、火灾报警、过载保护和红外探测等。

1. 热敏电阻用于测量温度

图 7-3 所示为热敏电阻温度计原理图。测量温度的热敏电阻一般结构简单，价格低廉。外面未涂保护层的热敏电阻只能应用在干燥的地方，密封的热敏电阻不怕湿气的侵蚀，可以使用在较恶劣的环境下。由于热敏电阻的电阻值较大，其连接导线的电阻值和接触电阻值可以忽略，使用时采用二线制即可。

2. 热敏电阻用于温度补偿

仪表中常用的一些零件多数是用金属丝做成的，例如线圈、绕组电阻等。由于金属丝一

图7-3 热敏电阻温度计原理图

般具有正的温度系数，故采用负温度系数的热敏电阻进行温度补偿，以抵消由于温度变化所产生的误差。其原理图如图7-4所示，为了对热敏电阻的温度特性进行线性化补偿，可采用串联或并联一个固定电阻的方式。

3. 热敏电阻用于温度控制

热敏电阻的应用除温度测量、温度补偿外，还有一个重要的应用就是温度控制。其中，继电保护就是最典型的应用。

将突变型热敏电阻埋设在被测物中，并与继电器串联，给电路加上恒定电压。当周围介质温度升到某一数值时，电路中的电流便可由零点几毫安突变为几十毫安，此时继电器动作，从而实现温度控制或过热保护。图7-5所示为热继电器原理图。把三只特性相同的热敏电阻放在电动机绕组中，紧靠绕组每相各放一只，用万能胶固定。经测试，在20℃时其阻值为10kΩ，100℃时为1kΩ，110℃时为0.6kΩ。当电动机正常运行时温度较低，晶体管 VT 截止，继电器 J 不动作。当电动机过载、断相或一相接地时，电动机温度急剧升高，使热敏电阻阻值急剧减小，达到一定值后，VT 导通，继电器 J 吸合，使电动机工作回路断开，实现保护功能。调节图中偏置电阻 R_2 值，从而确定晶体管 VT 的动作点。

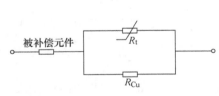

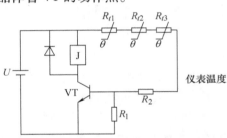

图7-4 热敏电阻用于仪表温度补偿原理图　　　图7-5 热继电器原理图

4. 热敏电阻应用实例

热敏电阻用途十分广泛，几乎在每一个领域都有使用，如家用电器、医疗设备、制造工业、运输、通信、保护报警和科研等。图7-6所示为热敏电阻应用的几个突出例子。

a)体温计　　　　　　　b)CPU测温　　　　　　c)热水器温度控制

图7-6 热敏电阻的应用

7.2　湿敏传感器及其应用

 **思考二：** 夏季里若空气湿度过大，你的感觉会怎样呢？汽车挡风玻璃若因湿度而模糊，应如何处理？粮油肉中若含有水分应如何检查？用微波炉去烘烤食品，炉中湿度会有怎样的影响呢？

1. 了解湿度及其表示方法；
2. 了解湿敏传感器的分类；
3. 熟悉湿敏传感器的应用。

7.2.1　湿度及其表示方法

在自然界中，凡是有水和生物的地方，在其周围的大气环境里总是含有或多或少的水汽，大气中含有水汽的多少表明了大气的干、湿程度，通常用湿度来表示。

湿度是表示空气中水汽含量的物理量，常用的有绝对湿度、相对湿度、露点等表示方法。

1. 绝对湿度

绝对湿度表示单位体积空气里所含水汽的质量，其定义式为

$$H_a = \frac{M_V}{V} \tag{7-1}$$

式中　M_V——待测空气的水汽质量（g 或 mg）；

V——待测空气的总体积（m^3）；

H_a——待测空气的绝对湿度（g·mm 或 mg·mm）。

2. 相对湿度

相对湿度表示空气中实际水汽分压与相同温度下饱和水汽分压比值的百分数，这是一个无量纲的值，常表示为%RH（RH 为相对湿度），即

$$H_T = \left(\frac{P_W}{P_N}\right)_T \times 100\% \, RH \tag{7-2}$$

式中　T——空气温度（℃）；

P_W——待测空气温度为 T 时的水汽分压（P_a）；

P_N——相同温度下饱和水汽分压（P_a）。

3. 露点温度

在一定温度下，气体中所能容纳的水汽含量有限，超过此限就会凝成液滴，此时的水汽分压称为饱和水汽分压 P_N。饱和水汽分压随温度的降低而减小。将未饱和气体降温到水汽饱和的温度称为露点温度（简称露点）。显然，饱和水汽分压等于露点时的水汽分压。

人们为了测量湿度，从最早的通过人的头发随大气湿度变化伸长或缩短的现象而制成毛发湿度计开始，相继研制出电阻湿度计、半导体湿敏传感器等。

湿度与人们的生产、生活密切相关，例如，纺织厂的纱线，如湿度太低，会造成纱线断

线，影响产品质量和产量；温室农作物栽培，对湿度若不能合理控制，影响产量；人们生活、工作的空间，除了对温度的要求外，还对湿度提出了要求，加湿器的应用就是一个例子。湿度控制得好才会令人感到舒适、不干燥。

7.2.2 湿敏传感器的分类

目前湿敏传感器的种类很多，一般可以简单地将其分为两大类："水分子亲和力型"和"非水分子亲和力型"。

利用水分子易于吸附并由表面渗透到固体内的这一特点而制成的湿敏传感器称为水分子亲和力型；其湿敏材料有氯化锂电解质，高分子材料（例如醋酸纤维素、硝酸纤维素、尼龙等），金属氧化物（例如 Fe_3O_4），金属氧化物半导体陶瓷（例如 $MgCr_2O_4$-TiO_2 多孔陶瓷）等。

非水分子亲和力型的湿敏传感器与水分子亲和力没有关系，例如热敏电阻式、红外线吸收式、微波式以及超声波式湿敏传感器等。

图 7-7 所示为常见的湿敏传感器产品的外形。

图 7-7 常见的湿敏传感器产品的外形

7.2.3 湿敏传感器的应用

湿敏传感器广泛应用于各种场合的湿度监测、控制与报警。

1. 汽车挡风玻璃自动除湿控制

图 7-8 所示为汽车驾驶室挡风玻璃的自动除湿控制电路。其目的是防止驾驶室的挡风玻璃结露或结霜，以保证驾驶员视线清晰，避免事故发生。该电路也可用于其他需要除湿的场所。

图中 R_S 为加热电阻丝，需将其埋入挡风玻璃内，H 为结露湿敏元件，VT_1、VT_2 组成施密特触发电路，VT_2 的集电极负载为继电器 K 的线圈绕组。R_1、R_2 为 VT_1 的基极电阻，RP 为湿敏元件 H 的等效电阻。在不结露时，调整各电阻值，使 VT_1 导通，VT_2 截止。

一旦湿度增大，湿敏元件 H 的等效电阻 RP 电阻值下降到某一特定值，R_2 // RP 减小，使 VT_1 截止，VT_2 导通，VT_2 集电极负载继电器 K 线圈通电，其常开触点 1、2 接通加热电源 E_c，并且指示灯点亮，电阻丝 R_S 通电，挡风玻璃被加热，驱散湿气。当湿气减少到一定程度时，RP // R_2 回到不结露的电阻值，VT_1、VT_2 恢复初始状态，继电器 K 断电，指示灯熄灭，电阻丝断电，停止加热，从而实现了自动除湿控制。

2. 粮油肉水分检查仪

图 7-9 所示为水分检查仪电路，该电路由 NE555 时基电路及 R_2、R_x 和 C_4 构成多谐振荡

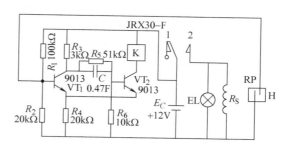

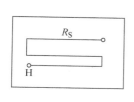

a)加热电阻丝　　　　　　　　　　　b)控制电路

图7-8　汽车挡风玻璃自动除湿

器，振荡频率由$f=1.34/[(R_2+2R_x)C_4]$决定。水分含量多少最终体现在接触电阻R_x电阻值的大小，水分含量高则R_x电阻值小，振荡频率就高；反之，振荡频率就低。当R_x大到$2M\Omega$左右时，水分小，接通电源后喇叭会发出"哒哒"声响，指示灯LED发出闪烁的红光；利用标准电阻R_{01}、R_{02}、R_{03}分别参与电路振荡，反复进行比较R_x的振荡频率，从而判断水分相对含量。

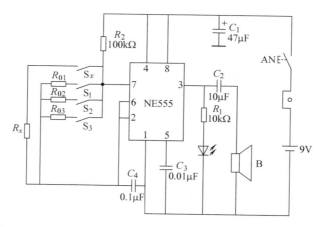

图7-9　水分检查仪电路

3. 自动烹调湿度检测系统

图7-10所示为自动烹调湿度检测系统原理框图。R_S为湿敏元件，电热器用来加热湿敏元件至550℃的工作温度。由于传感器工作在高温环境中，所以湿敏元件一般采用振荡器产生的交流电供电。R_0为固定电阻，与传感器电阻R_S构成分压电路。交-直流变换器的直流输出信号经运算单元运算，输出与湿度成比例的电信号，并由显示器显示。

图7-11所示为采用湿敏传感器进行自动烹调温度检测的高频电子食品加热器。湿敏传感器安装在烹调设备的排气口，用来检测烹调时食品产生的湿气。使用时首先将电热器的电源接通，使湿敏元件的温度升至要求的工作温度。然后启动烹调设备对食品加热，依据湿度变化来控制烹调过程的进行。图7-10中U_r是比较器用来判断是否停止加热的基准信号，比较器的输出可用来对烹调设备的加热进行相应的控制。

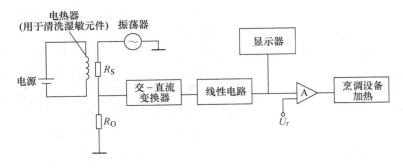

图 7-10　自动烹调湿度检测系统原理框图

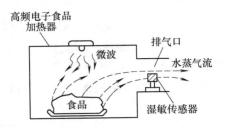

图 7-11　高频电子食品加热器

7.3　气敏传感器及其应用

　**思考三**：可燃性、有毒、有害气体泄露以后会有哪些危害呢？酒后驾驶当然危险，那交警是怎样检查驾驶人员是否喝了酒呢？

1. 了解半导体气敏传感器的结构；
2. 了解半导体气敏传感器的工作原理；
3. 熟悉气敏传感器的应用。

7.3.1　半导体气敏传感器的种类及其结构

现代生活中排放的气体日益增多，这些气体中有许多是易燃、易爆的气体，例如氢气、一氧化碳、氟利昂、煤矿瓦斯、天然气、液化石油气等，也有许多是对人体有害的气体。为了保护人类赖以生存的自然环境，需要对各种有害、可燃性气体在环境中存在的情况进行有效的监控。气敏传感器就是能感知环境中某些气体及其浓度的一种敏感器件，它将气体种类及其浓度的有关信息转换成电信号，通过接口电路与计算机组成的自动检测、控制和报警系统进行相应的监控。图 7-12 所示为常用气敏传感器外形。

气敏传感器种类很多，按气敏传感器所使用材料的不同，气敏传感器可分为半导体和非半导体两大类。目前使用最多的是半导体气敏传感器，本文中我们主要介绍该类气敏传感器。

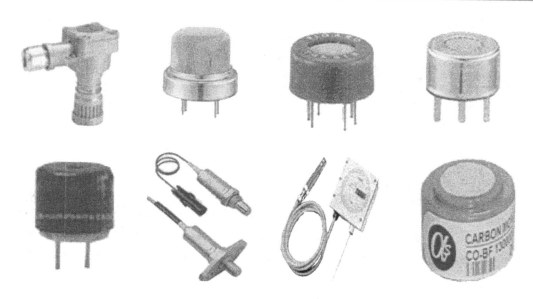

图 7-12 常用气敏传感器外形

半导体气敏传感器，按半导体变化的物理特性，又可分为电阻式和非电阻式。电阻式半导体气敏传感器是利用其电阻值的改变来反映被测气体的浓度，而非电阻式气敏传感器则利用半导体的功能函数对气体的浓度进行直接或间接检测。

1. 电阻型半导体气敏传感器的种类及其结构

目前使用较多的电阻式半导体气敏传感器结构可分为烧结型、薄膜型和厚膜型三种。其中烧结型是工艺最成熟、应用最广泛的一种。

（1）烧结型。烧结型气敏传感器以 SnO_2 半导体材料为基体，将铂电极和加热丝埋入 SnO_2 材料中，采用传统制陶工艺烧结成形，并称为半导体陶瓷。这种类型主要用于检测还原性气体、可燃性气体和液体蒸气。烧结型气敏传感器按其加热方式又分为内热式和旁热式两种。

内热式烧结型气敏传感器的结构与符号如图 7-13 所示。其不足是：热容量小，容易受环境气流的影响；测量回路与加热回路没有隔离，容易互相影响；加热丝在加热和不加热状态下产生涨缩，容易造成与材料的接触不良。

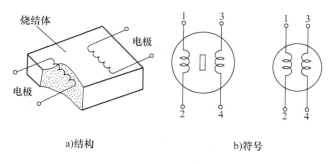

a)结构　　　　　　　　　　　　b)符号

图 7-13 内热式烧结型气敏传感器的结构与符号

旁热式烧结型气敏传感器的结构与符号如图 7-14 所示。旁热式克服了内热式的缺点，其热容量大，降低了环境对元件加热温度的影响，保持了材料结构的稳定性，其测量电极与加热丝分开，加热丝不与气敏元件接触，避免了回路间的互相影响检测更准确。

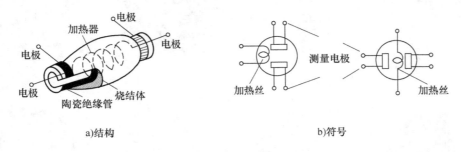

a)结构　　　　　　　　　　　　　b)符号

图7-14　旁热式烧结型气敏传感器的结构与符号

（2）薄膜型。薄膜型气敏传感器结构如图7-15所示，它是采用蒸发或溅射工艺，在石英基片上形成氧化物半导体膜（厚度在1000nm以下），其性能受工艺条件及薄膜的物理、化学状态的影响。

（3）厚膜型。厚膜型气敏传感器是将 SnO_2 和 ZnO 等材料与3%～15%（重量）的硅凝胶混合制成能印刷的厚膜胶后，把厚膜胶用丝网印制到事先安装有铂电极的 Al_2O_3 或 SiO_2 基片上，再经400～800℃的高温烧结1小时制成，其结构如图7-16所示。

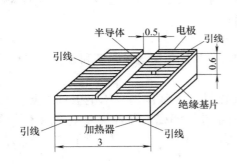

图7-15　薄膜型气敏传感器

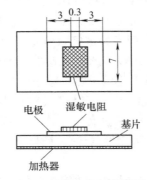

图7-16　厚膜型气敏传感器

上述三种气敏传感器的共同之处是皆附有加热丝，其作用是在200～400℃温度下，将吸附在敏感元件表面的尘埃、油雾等烧掉，同时加速气体的吸附或脱附，从而提高响应速度。

2. 非电阻型半导体气敏传感器的种类及其结构

除了利用半导体材料与气体接触时电阻率发生变化的效应制成的气敏传感器外，还有一些按其他机理制成的气敏传感器。

（1）FET 型气敏传感器。MOSFET 场效应晶体管可通过栅极外加电场来控制漏极电流，这是场效应晶体管的控制作用。FET 型气敏传感器就是利用环境气体对这种控制作用的影响而制成的气敏传感器。有一种将 SiO_2 层做的比通常更薄 [100Å（埃）]（1Å = 10 − 10m）的MOSFET，在栅极上加上一层很薄（100Å）的 Pd 后，可以用来检测空气中的氢。

（2）二极管式气敏传感器。利用金属/半导体二极管的整流特性随周围气体变化而变化的效应制成。例如，在涂有 In 的 CdS 上蒸镀半径为 0.1cm、厚度为 800Å 的 Pd 制成 Pd/CdS

二极管，这种二极管在正向偏置下的电流将随氢气的浓度增大而增大。因此，可根据一定偏置电压下的电流，或者一定电流时的偏置电压来检测氢气的浓度。

7.3.2　半导体气敏传感器的工作原理

电阻型半导体气敏传感器的工作原理可以用吸附效应来解释。当半导体气敏元件加热到稳定状态时，若有气体吸附，则被吸附的分子首先在表面自由扩散，其中一部分分子被蒸发，另一部分分子产生热分解而吸附在表面。此时若气敏元件材料的功率函数比被吸附气体分子的电子的亲和力小，则被吸附的气体分子就从元件的表面夺取电子，以负离子形式被吸附。具有负离子吸附性质的气体称为氧化性气体，如氧气和氮氧化物等。若气敏元件材料的功率函数比被吸附气体分子的电子的亲和力大，被吸附气体的电子就被元件俘获，而以正离子形式吸附。具有正离子吸附性质

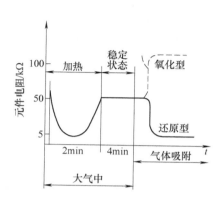

图 7-17　N 型半导体吸附气体的电阻特性

的气体称为还原性气体，如氢气、一氧化碳、碳氢化合物和醇类等。图 7-17 所示为 N 型半导体吸附气体的电阻特性。

当氧化性气体吸附到 N 型半导体上或还原性气体吸附到 P 型半导体上时，将使半导体载流子减少，从而使敏感元件的电阻率增大；当氧化性气体吸附到 P 型半导体上或还原性气体吸附到 N 型半导体上时，将使半导体载流子增多，从而使敏感元件的电阻率减小。

7.3.3　半导体气敏传感器的应用

1. 有害气体检测报警器

有害气体检测报警器的电路如图 7-18 所示。这种报警器适合小型煤矿及家庭使用，它由气敏元件 QM-N5 和电位器 RP 组成气体检测电路，时基电路 555 及其外围元件组成多谐振荡器。当无瓦斯气体时，气敏元件 QM-N5 的 A、B 之间电阻值很大，流过 RP 的电流很小，由于电位器 RP 滑动触点的输出电压小于 0.7V，555 集成电路的 4 脚被强行复位，振荡器处于不工作状态，报警

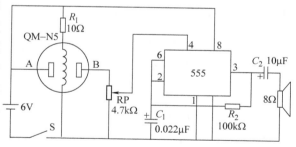

图 7-18　有害气体检测报警器

器不发出声响。当周围空气中有瓦斯气体时，A、B 之间的电阻值迅速下降，555 集成电路 4 脚变为高电平，振荡器起振，扬声器发出报警声，提醒人们采取相应的措施，以防事故的发生。

该报警器除了可对瓦斯气体的有无报警外，对烟雾和其他有害气体也可以报警。通过调节 RP 可使报警器适应在不同气体、不同浓度的环境条件下的报警工作。

2. 简易酒精测试器

图 7-19 所示为简易酒精测试器。此电路中采用 TGS812 型气敏传感器，对酒精有较高的灵敏度（对一氧化碳也敏感）。其加热及工作电压都是 5V，加热电流约 125mA。传感器的负载电阻为 R_1 和 R_2，其输出直接连接 LED 显示驱动器 LM3914。当无酒精蒸气时，其上的输出电压很低，随着酒精蒸气浓度增加，其上的输出电压也上升，则 LM3914 的 LED（共 10个）亮的数目也相应增加。

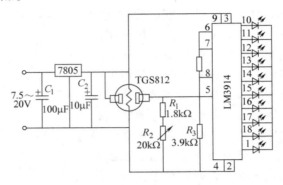

图 7-19　简易酒精测试器

此测试器工作时，只要人向传感器呼一口气，根据 LED 亮的数目便可知是否喝酒，并可大致了解饮酒多少。调试方法是让在 24 小时内不饮酒的人呼气，使 LED 中仅一个发光，然后调稍小一点即可。若更换其他型号气敏传感器时，参数应适当改变。

3. 气敏传感器应用实例

图 7-20 所示为几种气敏传感器产品。

图 7-20a 为 AT8000 型酒精测试仪。被测者深呼吸后，只要对着吹嘴吹一口气，测试仪就能快速测试出结果，简单易用。当被测者呼出气体中的酒精含量超过设定值时，本机会自动发出声音报警，为您的安全多一份提醒。若连接好微型打印机，还可以直接把测试结果打印出来。另外，本仪器也可作为警用。

a)酒精测试仪

b)家用煤气报警器

c)烟雾报警器

图 7-20　气敏传感器产品

图 7-20b 为 HL – 188 型家用煤气报警器，采用了优质催化燃烧式传感器彻底消除误报警。低功耗设计，正常工作时耗电小于 1W。设有自动/手动控制外接排风扇功能。

图 7-20c 为烟雾报警器，左边设有测试按钮，右边设有工作指示灯。当有烟雾出现，并达到一定浓度时，发出声响进行报警。

7.4 磁敏传感器及其应用

思考四： 或许你已见过验钞笔或验钞机，可你知道它的工作原理吗？

1. 了解磁阻传感器的结构、工作原理及其特性；
2. 了解磁敏二极管的结构、工作原理及其特性；
3. 了解磁敏晶体管的结构、工作原理及其特性；
4. 熟悉磁敏传感器的应用。

磁敏传感器是把被测物理量通过磁介质转换为电信号再进行检测的传感器。半导体磁敏器件主要包括霍尔元件、磁阻元件、磁敏二极管及磁敏晶体管等。其中，霍尔式传感器在前面已有详述，本节只介绍其他几种。

7.4.1 磁阻传感器

磁阻传感器是利用半导体的磁阻效应而制成的磁敏器件。一般情况下，磁阻元件的灵敏度比霍尔元件低，因此，磁阻传感器一般不是使用单体磁敏电阻，而是大都由多个磁敏电阻复合构成。

1. 磁敏电阻的结构

选用迁移率大的 InSb、InAs 材料，利用形状磁阻效应制成的磁敏电阻结构如图 7-21 所示。图 7-21a 是采用真空镀膜工艺，在元件表面蒸镀许多细的金属栅膜。图 7-21b 是将镍掺入 InSb 半导体中，让其形成 InSb-NiSb 共晶材料，其特点是在晶体中 NiSb 析出一定方向的针状导电晶体，直径约 $1\mu m$，长约 $(50 \sim 100)$ μm，平行排列于 InSb 晶体中，与栅格状金属膜相当。

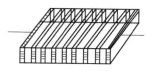

a)金属栅膜磁敏电阻

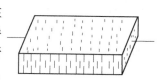

b)共晶型磁敏电阻

图 7-21　磁敏电阻的结构

磁阻的大小除了与材料有关外，还与磁敏电阻的几何形状有关。若考虑磁敏电阻形状的影响，对于长方形元件，其电阻率的相对变化可近似表示为

$$\frac{\Delta\rho}{\rho_0} \approx K(\mu B)^2 \left[1 - f\left(\frac{L}{b}\right)\right] \tag{7-3}$$

式中　L——电阻的长度（m）；

　　　b——电阻的宽度（m）；

　　$f\left(\dfrac{L}{b}\right)$——形状效应系数。

常见的磁敏电阻是圆盘形的，中心和边缘处为两电极，如图 7-22 所示。这种圆盘形磁敏电阻叫做科尔比诺圆盘磁阻，其磁阻效应叫做科尔比诺效应。

在恒定磁感应强度下，其长宽比（L/b）越小，磁阻效应越大。不同形状元件的磁阻效应如图 7-23 所示。由图可知，圆盘形元件的磁阻效应最为明显。

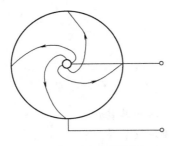

图 7-22　科尔比诺圆盘

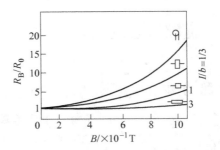

图 7-23　不同形状元件的磁阻效应

2. 磁阻效应

将通以电流的半导体放在均匀磁场中，运动的载流子受到洛伦兹力的作用而发生偏转，这种偏转导致载流子的漂移路径增加；或者说，沿外加电场方向运动的载流子数减少，从而使电阻增加，这种现象称为磁阻效应。

迁移率是指载流子（电子和空穴）在单位电场作用下的平均漂移速度，即载流子在电场作用下运动速度的快慢的量度，运动得越快，迁移率越大；运动得慢，迁移率小。同一种半导体材料中，载流子类型不同，迁移率不同，一般是电子的迁移率高于空穴。

当温度恒定时，在弱磁场范围内，磁阻与磁感应强度 B 的平方成正比，其表达式为

$$\rho_B = \rho_0(1 + 0.273\mu^2 B^2) \tag{7-4}$$

式中　B——磁感应强度（T）；

$\quad\quad\mu$——电子迁移率（$cm^2v^{-1}s^{-1}$）；

$\quad\quad\rho_0$——零磁场下的电阻率（$\Omega \cdot m$）；

$\quad\quad\rho_B$——磁感应强度为 B 的电阻率（$\Omega \cdot m$）。

设电阻率变化为 $\Delta\rho = \rho_B - \rho_0$，则电阻率的相对变化为

$$\frac{\Delta\rho}{\rho_0} = 0.273\mu^2 B^2 = K(\mu B)^2 \tag{7-5}$$

由式 7-4 可知，磁场一定时，迁移率高的材料其磁阻效应越明显。

3. 磁敏电阻的特性

磁敏电阻在弱磁场（B 小于 0.1T）范围内，其电阻值 R 与 B^2 成正比，在强磁场（B 大于 0.1T）范围内，其电阻值 R 与 B 成正比，且与磁场方向无关，如图 7-24 所示。图中不同曲线表示不同材料的特性，其中 D 表示本征 InSb-NiSb，P、L 表示掺杂 InSb，T、M 表示掺杂 InSb-NiSb。

7.4.2　磁敏二极管

1. 结构和符号

磁敏二极管（SMD）的结构和符号如图 7-25 所示。磁敏二极管的 P 型和 N 型电极由高阻材料制成，在 P、N 之间有一个较长的本征区 I，本征区 I 的一面磨成光滑的复合表面（为 I 区），另一面打毛，设置成高复合区（为 r 区），使

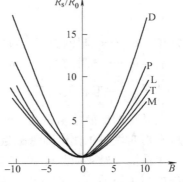

图 7-24　磁敏电阻的磁阻特性

电子-空穴对在粗糙表面快速复合而消失。当通以正向电流后就会在 P-I-N 结上形成电流，所以磁敏二极管是 PIN 型的。

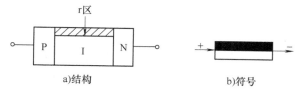

图 7-25　磁敏二极管结构和符号

2. 工作原理

当磁敏二极管未受到外界磁场作用时，外加正偏压，如图 7-26a 所示，会有大量的空穴从 P 区通过 I 区进入 N 区，同时也有大量的电子注入 P 区，形成电流。只有少量电子和空穴在 I 区复合。

当磁敏二极管受到外界磁场 H^+（正向磁场）作用时，如图 7-26b 所示，电子和空穴受到洛伦兹力的作用而向 r 区偏转，由于 r 区的电子和空穴复合速度很快，因此，形成的电流减小，电阻值增大。

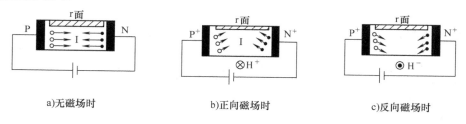

图 7-26　磁敏二极管工作原理示意图

当磁敏二极管受到外界磁场 H^-（反向磁场）作用时，如图 7-26c 所示，电子和空穴受到洛伦兹力的作用而向 I 区偏转，由于它们的复合率明显变小，所以电流变大，电阻值减小。从而根据电流的大小可测得磁场的方向和强度。

3. 主要特性

（1）磁电特性。在给定条件下，磁敏二极管的输出电压与外加磁场的关系称为磁敏二极管的磁电特性。磁敏二极管通常有单管使用和互补使用两种方式，其磁电特性如图 7-27 所示。单管使用时，正向磁灵敏度大于反向；互补使用时，正、反向磁灵敏度曲线对称，且在弱磁场下有较好的线性。

（2）伏安特性。磁敏二极管正向偏压与通过其上的电流的关系称为磁敏二极管的伏安特性，如图 7-28 所示。当磁场保持恒定时，通过磁敏二极管的电流越大，输出电压就越大。当电压保持恒定时，随着外加磁场由负到正逐渐增大，磁敏二极管的电流逐渐减小。

7.4.3　磁敏晶体管

1. 结构和符号

磁敏晶体管的结构和符号如图 7-29 所示。在弱 P 型或弱 N 型本征半导体上用合金法或扩散法形成发射极、基极和集电极。其最大特点是基区较长，基区结构类似磁敏二极管，也有高复合率的 r 区和本征 I 区。长基区分为输运基区和复合基区。

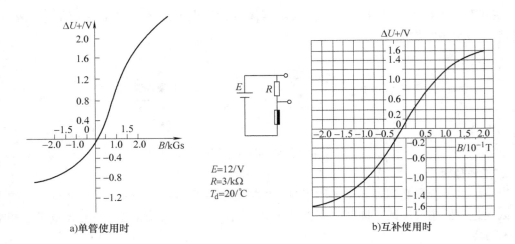

图 7-27　磁电特性

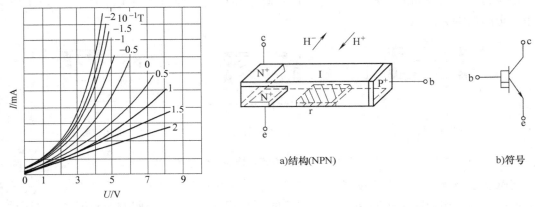

图 7-28　锗磁敏二极管的伏安特性　　　　图 7-29　磁敏晶体管

2. 工作原理

当磁敏晶体管未受到磁场作用时，如图 7-30a 所示。由于基区宽度大于载流子有效扩散长度，大部分载流子通过 e-I-b，形成基极电流；少数载流子输入到 c 极。因而形成基极电流大于集电极电流的情况，$\beta = I_c / I_b < 1$。

磁敏晶体管当受到正向磁场 H^+ 作用时，由于磁场的作用，洛伦兹力使载流子向发射结的一侧偏转，导致集电极的电流明显下降，如图 7-30b 所示。当反向磁场 H^- 作用时，洛伦兹力使载流子向集电极一侧偏转，使集电极电流增大，如图 7-30c 所示。由此可知，磁敏晶体管在正、反向磁场作用下，集电极电流出现了明显的变化（即磁敏晶体管的放大倍数随磁场方向变化）。据此，可利用磁敏晶体管来测量弱磁场强度、电流、转速、位移等物理量。

3. 主要特性

（1）伏安特性。磁敏晶体管的伏安特性曲线如图 7-31 所示。图 7-31a 为无磁场作用时的伏安特性曲线。图 7-31b 所示为恒流条件下，$I_b = 3mA$，$B = \pm 0.1T$ 时的伏安特性曲线。

（2）磁电特性。NPN 型锗磁敏晶体管的磁电特性曲线如图 7-32 所示。从图中可见，在

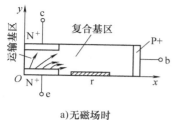
a) 无磁场时

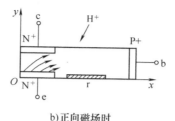
b) 正向磁场时

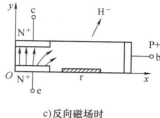
c) 反向磁场时

图 7-30 磁敏晶体管工作原理示意图

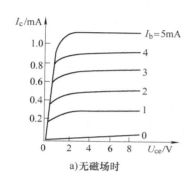
a) 无磁场时

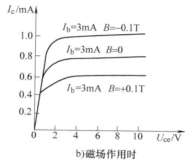
b) 磁场作用时

图 7-31 磁敏晶体管的伏安特性曲线

弱磁场的情况下，磁敏晶体管的磁电特性曲线近似于线性变化。

除了上述磁敏传感器之外，还有利用强磁材料的磁致收缩效应制成的磁致传感器。

顺便提醒一点，霍尔效应与磁阻效应是并存的。在制造霍尔器件时应努力减少磁阻效应的影响，而在制造磁阻器件时应努力避免霍尔效应。

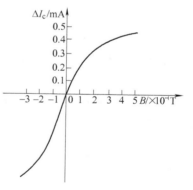

图 7-32 NPN 型锗磁敏晶体管的磁电特性曲线

7.4.4 磁敏传感器的应用

1. 磁阻转速传感器

磁阻转速传感器如图 7-33 所示，它由强磁性金属薄膜磁阻元件、永久磁铁、放大器和整形电路构成。永久磁铁装在旋转体上，每当它和磁阻元件重合时，就有一个脉冲输出。输出脉冲的频率便是旋转体每秒钟的转数。由于强磁性金属薄膜磁阻元件的灵敏度高，因此永久磁铁可以做得很小，只需千分之几特斯拉的场强便能进行可靠地测量。

2. 磁敏二极管漏磁探伤仪

磁敏二极管漏磁探伤仪是利用磁敏二极管可以检测弱磁场变化的特性而设计的，其原理如图 7-34 所示。

漏磁探伤仪由激磁线圈 2、铁心 3、放大器 4、磁敏二极管探头 5 等 4 部分构成。将待测

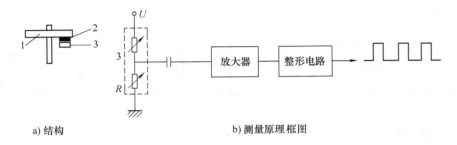

a) 结构   b) 测量原理框图

图 7-33 磁阻转速传感器

1—旋转体 2—永久磁铁 3—磁阻元件

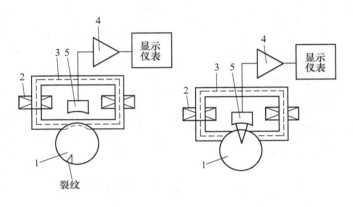

图 7-34 漏磁探伤仪的工作原理

1—钢棒（待测物） 2—激磁线圈 3—铁心 4—放大器 5—磁敏二极管探头

物（钢棒 1）置于铁心之下，并使之不断转动，在激磁线圈激磁后，钢棒被磁化。若待测钢棒无损伤部分在铁心之下，铁心和钢棒被磁化部分构成闭合磁路，此时无泄漏磁通，磁敏二极管探头无信号输出；若钢棒上的裂纹旋至铁心下，裂纹处的泄漏磁通便作用于探头，探头将泄漏磁通量转换成电压信号，经放大器放大输出，根据指示仪表的示值可以得知待测钢棒中的缺陷。

3. 磁敏晶体管电位器

利用磁敏晶体管制成的无触点电位器如图 7-35 所示。将磁敏晶体管置于 0.1T 磁场作用下，改变磁敏晶体管基极电流，该电路的输出电压在 0.7～15V 内连续变化，这样就等效于一个电位器，且无触点，该电位器可用于变化频繁、调节迅速、噪声要求低的场合。

4. 磁敏电阻无触点开关

图 7-36 所示为两端型 InSb 磁敏电阻的无触点开关电路。将 InSb 磁敏电阻连接在晶体管的基极上，当永久磁铁距离 InSb 电阻较远时，它处在无磁场状态，电阻值（R_0）较小，晶体管集电极有电流输出、处于导通状态；而当永久磁铁距离 InSb 电阻很近（例如 0.1mm）时，InSb 电阻 $R_B > 3R_0$，此时基极电流很小，晶体管处于截止状态。因为它的输出较大，可直接驱动功率管。

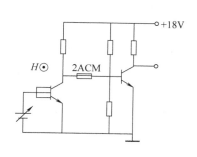

图 7-35　磁敏晶体管无触点电位器

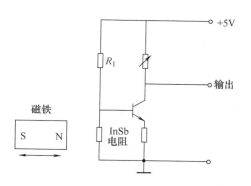

图 7-36　磁敏电阻无触点开关

5. 磁敏传感器应用实例

图 7-37a 磁敏电阻路况监测系统。汽车含有铁磁物质，会干扰地磁场的分布状况，磁敏电阻检测这一变化来进行路况监测的。该系统可用于包括自动开门、停车场车辆位置监测、红绿灯控制等。

图 7-37b 磁阻 IC 笔式验钞器。为防伪在纸币上印刷磁性油墨作为磁性体，利用磁敏电阻为核心部件的磁头制成笔式验钞器，将笔式验钞器靠近纸币可辨别真伪。

图 7-37c 磁敏电阻用于测量地球磁场。它不但可以测量地球磁场的方向，而且可以测量地球磁场强度的变化，而指南针只能指示地球磁场的方向。地球是一个大磁铁，地磁场平行地球表面并始终指向北方。利用 GMR（巨磁电阻）薄膜可做成用来探测地磁场的高级罗盘。当可以同时探测平面内磁场 X 和 Y 方向分量的 GMR 磁场传感器固定在交通工具上，瞬间航向与地球北极的夹角可通过 GMR 传感器的 X。

a) 路况监测系统

b) 笔式验钞器

c) 测量地球磁场

图 7-37　磁敏传感器应用实例

阅读材料：磁敏传感器国内外概况及其应用

磁敏传感器是传感器产品的一个重要组成部分，随着我国磁敏传感器技术的发展，其产品种类和质量将会得到进一步发展和提高，国产的电流传感器、高斯计等产品目前已经开始走入国际市场，与国外产品的差距正在快速缩小。

一、磁敏传感器的发展特点

1. 集成电路技术的应用。将硅集成电路技术应用于磁敏传感器，制成集成磁敏传感器。

2. InSb 薄膜技术的开发成功，使得霍尔器件产能剧增，成本大幅度下降。

3. 强磁体合金薄膜得到广泛应用。各种磁阻器件出现，应用领域广泛。

4. 巨磁电阻多层薄膜的研究与开发。新器件的高灵敏度、高稳定性，引起研制高密度记录磁盘读出头的科技人员的极大关注。

5. 非晶合金材料的应用。与基础器件配套应用，大大改善了磁传感器性能。

6. Ⅲ-V 族半导体异质结构材料的开发和应用。通过外延技术，形成异质结构，提高磁敏器件的性能。

二、国外磁敏传感器的现状

1. 国外磁传感器的常见种类

就市场占有情况来看，国外磁敏传感器主要品种依然是霍尔元件、磁阻元件，近期的巨磁阻元件也有良好的发展空间。

2. 国外磁传感器的代表厂商：

霍尔元件的国外代表厂商有日本的旭化成公司和东芝公司，美国的 Honeywell 公司和 Allogro 公司；磁阻器件的国外代表厂商有日本 SONY 公司与荷兰 PHILIPS 公司。

3. 国外磁传感器的应用情况

磁敏传感器应用的最大特点就是无接触测量。

（1）霍尔元件的应用方面主要有磁场测量，如做成高斯计（特斯拉计）的检测探头；电流检测，如做成电流传感器/变送器的一次元件；直流无刷电机，用于检测转子位置并提供激励信号；集成开关型霍尔器件的转速/转数测量；图 7-38 所示为霍尔元件的应用实例。

a) 高斯计　　　　　　b) 汽车点火装置　　　　　c) 钳形电流表

图 7-38　霍尔元件的应用实例

（2）强磁体薄膜磁阻器件的应用方面主要有位移传感器，如磁尺的线性长距离位移测量；角位移传感器，用于转动角度测量，广泛应用于汽车制造业；脉冲发讯传感器，用于流量检测和转速/转数测量，如电子水表和流量计的发讯传感器。

（3）半导体磁阻器件的应用方面有 InSb 磁阻器件；微弱磁场检测，主要用于伪钞识别；脉冲测量，主要用于转速/转数测量，图 7-39 所示的点钞机便是其应用的一实例。

图 7-39　防伪识别的点钞机

三、国内磁敏传感器的现状

1. 国内磁传感器的常见种类及其特点

目前国内磁敏传感器经过三十余年的发展，就基础器件的研究与开发情况，除巨磁阻器件存有差距以外，常用其他磁敏传感器如霍尔元件，磁阻元件等已经与国外同类产品的水平相当。市场上应用的国产磁敏传感器件的种类也与国外产品相当，依然是霍尔元件、磁阻元件。

2. 国内磁传感器件代表厂商

霍尔元件的国内代表厂商有中科院半导体所，沈阳仪表科学研究院，南京中旭微电子公司；磁阻器件的国内代表厂商有沈阳仪表科学研究院（汇博思宾尼斯公司）

3. 国内磁传感器的应用情况

（1）电流传感器。国内包括沈阳仪表科学研究院（思宾尼斯公司）、西南自动化所等二三十家大小不同的企业在生产和销售电流传感器/变送器，其市场竞争已经白热化。该领域是国内磁敏传感器应用最早、最普及、最成熟的领域。如图7-40所示为电流传感器。

（2）直流无刷电机领域。以 InSb 霍尔元件为主，主要用于直流无刷电机转子位置检测，并提供定子线圈电流换向的激励信号。目前年需求量在几亿只，价格却仅有0.3元人民币左右。该领域是磁敏传感器用量最大的领域，但是在国内目前未形成工业化生产。图7-41所示为用于电动车的无刷电动机，采用 PWM 调速。

图 7-40　电流传感器

图 7-41　用于电动车的无刷电动机

（3）流量计量领域。用于电子水表、电子煤气表、流量计等流量发讯传感器的低功耗薄膜磁体磁阻器件。该产品由沈阳仪表科学院汇博思宾尼斯传感技术有限公司生产，市场空间可观。该领域是磁敏传感器国内最具发展潜力的新兴应用领域，目前处于市场成长期。

（4）专用测量仪表。高斯计，用于磁场检测，在磁性材料生产及应用方面用量较多，国内有沈阳仪表院思宾尼斯公司、北京师范学院等几家公司生产，其中思宾尼斯公司的高斯计已经批量出口美国。

另外，国内的磁敏传感器在转速/转数测量、伪钞识别等领域，也均有应用，但没有形成规模。

四、国内磁敏传感器与国外磁敏传感器的差距

1. 生产规模小，成本高。
2. 部分元件的稳定性、可靠性差。
3. 实际应用且具规模的领域少，特别是汽车领域，尚处空白。
4. 科研成果转化慢，生产条件配套性差，缺少资金投入。

本 章 小 结

半导体传感器具有类似于人眼、耳、鼻、舌、皮肤等多种感觉功能。本章重点介绍了热敏电阻、湿敏电阻传感器、气敏电阻传感器及磁敏传感器四种常用的半导体传感器。

热敏电阻是半导体测温元件。按温度系数可分为负温度系数热敏电阻（NTC）和正温度系数热敏电阻（PTC）。广泛用于温度测量、电路的温度补偿以及温度控制。

湿度是表示空气中水汽含量的物理量，常用绝对湿度、相对湿度、露点等表示。湿敏传感器一般可以简单地分为两大类："水分子亲和力型"和"非水分子亲和力型"。

湿敏电阻传感器的敏感材料种类较多，其中常用的是半导体陶瓷。半导体陶瓷的湿敏特性，按其电阻随湿度变化的规律，可分为负湿敏特性和正湿敏特性两类。湿敏传感器广泛应用于各种场合的湿度监测、控制与报警。

气敏电阻传感器就是能感知环境中某气体及其浓度的一种敏感器件。半导体气敏传感器，按半导体变化的物理特性，又可分为电阻式和非电阻式。

电阻式半导体气敏传感器结构可分为烧结型、薄膜型和厚膜型三种，其中烧结型是工艺最成熟、应用最广泛的一种。

气敏传感器广泛应用于有害、可燃性气体的探测与报警，以预防灾害性事故的发生。

磁敏传感器是把被测物理量通过磁介质转换为电信号的传感器。

磁阻传感器是利用半导体的磁阻效应而制成的磁敏元件，其磁阻效应除了与材料有关外，还与几何形状有关。

磁敏二极管是 PIN 型的，其主要特性有磁电特性和伏安特性。

磁敏晶体管是在弱 P 型或弱 N 型本征半导体上用合金法或扩散法形成发射极、基极和集电极的。其最大特点是基区较长，基区结构类似磁敏二极管，也有高复合率的 r 区和本征 I 区。长基区分为输运基区和复合基区。其主要特性也有磁电特性和伏安特性。

磁敏传感器可用来对磁场、电流、位移和方位等物理量进行测量，还可用于自动控制及自动检测。

复习与思考

1. 填空题

（1）热敏电阻按温度系数可分为两大类，即_____和_____。

（2）湿度是表示空气中水汽含量的物理量，常用_____、_____、_____等表示。

（3）半导体陶瓷的湿敏特性，可分为_____和_____两类。

（4）电阻式半导体气敏传感器结构可分为_____、_____和_____三种。

（5）磁阻传感器是利用半导体的磁阻效应而制成的磁敏元件，其磁阻效应除了与材料有关外，还与_____有关。

（6）磁敏晶体管的长基区可分为_____基区和_____基区。

（7）磁敏二极管通常有_____和_____两种使用方式。

2. 单项选择题

（1）电阻式半导体气敏传感器有三种结构，其中_____是工艺最成熟、应用最广泛的一种。

　　A. 薄膜型　　　　　　　　B. 厚膜型　　　　　　　　C. 烧结型

（2）磁阻传感器的磁阻效应除了与材料有关外，还与几何形状有关；_____的磁阻效应最明显。

　　A. 长方形　　　　　　　　B. 正方形　　　　　　　　C. 圆盘形

（3）磁敏二极管的高复合区为_____。

　　A. P 区　　　　　　　　　B. r 区　　　　　　　　　C. N 区

（4）磁敏晶体管在正、反磁场作用下，_____电流出现明显变化。

　　A. 集电极　　　　　　　　B. 基极　　　　　　　　　C. 发射极

（5）下列属于氧化性气体的是_____。

　　A. 一氧化碳　　　　　　　B. 碳氢化合物　　　　　　C. 酒类　　　　　　D. 氮氧化物

3. 简答

（1）与金属热电阻相比，热敏电阻有哪些特点？

（2）表示空气湿度的物理量有哪些？如何表示？

（3）简述半导体陶瓷湿敏电阻的转换机理。

（4）为什么多数气敏传感器都要附有加热器？

（5）解释磁阻效应，并简述磁阻效应与材料、形状之间的关系。

 趣味小制作：湿度检测器

前面我们已学过半导体湿敏传感器，其实湿度的检测并非那么深奥。图 7-42 给出了一个湿度检测器的电路。

1. 所需材料

细导线丝、报警器（喇叭）、电源（6V）、开关、导线、电阻、晶体管、晶闸管、电容、绝缘板。

2. 原理

进行湿度检测时，闭合 SA，当有雨点降落或空气湿度很大时，两组导线丝之间构成导电通路，6V 的电源电压通过电阻 R_1 加到晶体管 VT_1 基极上，使 VT_1 导通，R_2 上的电压降使晶闸管 VTH 导通，报警器发出报警信号。只有断开开关 SA 才能停止报警。

3. 制作提示

（1）传感器（湿度检测元件）是由两组细导线丝组成，制作时粘在绝缘板上，每根导线丝之间相距很近，约 2mm 左右，注意不要相碰；

（2）晶体管 VT_1 为 2N3706 或 3DK9B；

（3）制作好后，检测时可用高压喷壶喷水雾来测试。

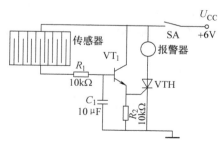

图 7-42　湿度检测器

第 8 章　超声波传感器及其应用

超声波具有频率高、方向性好、能量集中、穿透本领大、遇到杂质或分界面产生显著的反射等特点，因此，在许多领域得到广泛的应用。近年来已经应用的超声波传感器有超声波探伤、超声波遥控、超声波防盗窃器以及超声医疗诊断装置等。

8.1　超声波

思考一： 你在日常生活中都了解哪些超声知识呢？你知道为什么蝙蝠在没有光亮的情况下飞翔而不会迷失方向吗？

1. 了解超声波的概念；
2. 了解超声波的特点。

8.1.1　超声波的概念

我们知道，当物体振动时会发出声音。科学家们将每秒钟振动的次数称为声音的频率，它的单位是赫兹（Hz）。人耳能听到的声音频率为 20Hz ~ 20kHz，低于 20Hz 的声波为次声波，人耳是听不到的；当物体的振动高于人耳听阈的上限频率，即高于 20kHz 时，人耳也是听不到的，这样的声波称为超声波。

虽然说人类听不到超声波，但不少动物却有此本领，它们可以利用超声波"导航"、追捕食物或避开危险物。大家可能看到过夏天的夜晚有许多蝙蝠在庭院里来回飞翔，它们为什么能在没有光亮的情况下飞翔而不会迷失方向呢？原因就是蝙蝠能发出 2 ~ 10 万赫兹的超声波，如图 8-1 所示，这好比是一座活动的"雷达站"。

蝙蝠正是利用这种"雷达"判断飞行前方是昆虫或是障碍物的。人们根据蝙蝠"看"事物的原理，发明了声纳探测器，用来测量水深。

图 8-1　蝙蝠利用回声

8.1.2　超声波的特点

1. 束射特性

由于超声波的波长短，故超声波射线可以和光线一样，能够反射、折射、聚焦，而且遵守几何光学上的定律。即超声波射线从一种物质表面反射时，入射角等于反射角，当射线透过一种物质进入另一种密度不同的物质时会产生折射，也就是要改变它的传播方向，两种物质的密度差别愈大，则折射也愈大。

2. 吸收特性

声波在各种物质中传播时，随着传播距离的增加，强度会逐渐减弱，这是因为物质要吸收掉它的能量。对于同一物质，声波的频率越高，吸收越强。对于频率一定的声波，在气体中传播时吸收最厉害，在液体中传播时吸收比较弱，在固体中传播时吸收最小。

3. 超声波的能量传递特性

超声波之所以在各个工业部门中有广泛的应用，主要还在于它比声波具有强大得多的功率。

当声波到达某一物质中时，由于声波的作用使物质中的分子也跟着振动，振动的频率和声波频率一样，分子振动的频率决定了分子振动的速度。频率愈高速度愈大。物质分子由于振动所获得的能量除了与分子的质量有关外，还由分子振动速度的平方决定，所以如果声波的频率愈高，也就是说物质分子能得到愈高的能量。而超声波的频率比声波高很多，所以它可以使物质分子获得很大的能量；换句话说，超声波本身可以供给物质足够大的功率。

4. 超声波的声压特性

当声波通入某物体时，由于声波振动使物质分子产生压缩和稀疏的作用，将使物质所受的压力产生变化。由于声波振动引起附加压力现象叫声压作用。

5. 空化现象

由于超声波所具有的能量很大，就有可能使物质分子产生显著的声压作用，例如当水中通过一般强度的超声波时，产生的附加压力可以达到好几个大气压力。当超声波振动使液体分子压缩时，好像分子受到来自四面八方的压力；当超声波振动使液体分子稀疏时，好像受到向外散开的拉力，对于液体，它们比较受得住附加压力的作用，所以在受到压缩力的时候，不大会产生反常情形。但是在拉力的作用下，液体就会支持不了，在拉力集中的地方，液体就会断裂开来，这种断裂作用特别容易发生在液体中存在杂质或气泡的地方，因为这些地方液体的强度特别低，也就特别经受不起几倍于大气压力的拉力作用。由于发生断裂的时候，液体中会产生许多气泡状的小空腔，这种空泡存在的时间很短，一瞬时就会闭合起来。空腔闭合的时候会产生很大的瞬时压力，一般可以达到几千甚至几万个大气压力。液体在这种强大的瞬时压力作用下，温度会骤然增高。断裂作用所引起的瞬时压力，可以使浮悬在液体中的固体表面受到急剧破坏。我们常称之为空化现象。

8.2　超声波传感器

思考二： 超声波遇到到杂质或分界面会产生显著反射而形成反射回波，那是通过什么来完成产生超声波和接收超声波的呢？

1. 了解超声波传感器基本工作原理；
2. 了解超声波探头及其分类。

8.2.1　基本工作原理

发射和接受超声波的器件称为超声波换能器，也称为超声波探头。换能器通常由压电晶片来制作。

我们在第六章知道压电晶片有正、负压电效应。当压电晶片受发射脉冲激励后产生振动，即可发射声脉冲；当超声波作用于晶片时，晶片受迫振动引起的形变可转换成相应的电信号。前者是超声波的发射，依据于压电晶片的逆压电效应；后者是超声波的接收，依据于压电晶片的正压电效应。

超声波是频率超过 20 kHz 的机械振动波。由于频率高，其能量远远大于振幅相同的声波能量，具有很高的穿透能力，在钢材中甚至可穿透 10m 以上。超声波在介质中传播时，也像光波一样产生反射、折射等现象，经过反射、折射的超声波其能量或波形均将发生变化。利用这一性质可以实现液位、流量、温度、粘度、厚度、距离以及探伤等参数的测量。

8.2.2　超声波探头的种类

凡能将任何其他形式能量转换成超音频振动形式能量的元件均可用来产生超声波，这类元件即是超声波探头。超声波探头根据其工作原理不同有压电型、磁致伸缩型、电致伸缩型、振板型、弹性表面波型等数种，最常用的是压电型，本章仅讨论压电型探头。

超声波探头是实现电能和声能相互转换的一种换能器件。按其结构不同又分为直探头、斜探头、联合双探头和液浸探头等。

1. 直探头

超声波垂直于辐射面而发出，用以检测基本平行于探测面的平面型或者立体型物质，其外形如图 8-2 所示。工业上广泛用于锻件、铸件、板材等超声波探伤。

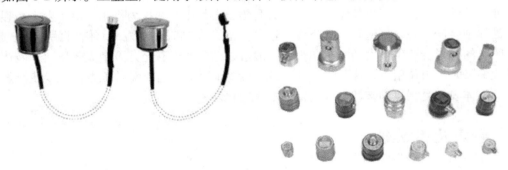

图 8-2　直探头

2. 斜探头

斜探头主要用于检测与探测面成一定角度的平面型及立体型物质，其外形如图 8-3 所示，工业上广泛用于焊缝、管材等超声波探伤。

3. 联合双探头

联合双探头的结构就是二个单探头的组合，一个用于发射，一个用于接收。如图 8-4 所示。

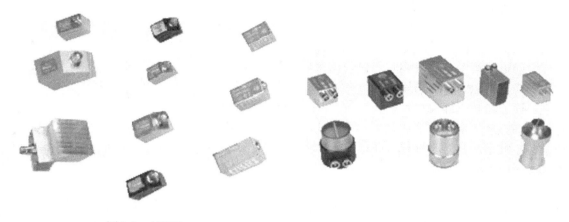

图 8-3　斜探头　　　　　　　　　　　　图 8-4　联合双探头

4. 液浸探头

常用于水浸法（被检测体和探头均浸于水中）的手工或者自动探伤。

8.3　超声波传感器的应用

**思考三：**你使用过 B 超检测吗？你看见过倒车雷达吗？你知道他们都是依据什么工作的吗？

1. 了解超声波传感器在工业和医学上的应用；
2. 了解超声波在水处理和日常生活方面的应用；
3. 开阔视野：超声波传感器在倒车雷达上的发展。

超声波用起来很安静，人们听不到它。这一点在高强度工作场合尤为重要。

根据超声波的传播方向来看，超声波传感器的应用有两种基本类型。超声波发射器与接收器分别置于被测物两侧的称为透射型。透射型可用于遥控器、防盗报警器、接近开关等。超声波发射器与接收器置于同侧的称为反射型，反射型可用于接近开关、测距、测液位或料位、金属探伤以及测厚等。下面简要介绍超声波传感器的几种应用。

8.3.1　超声波传感器在工业无损检测中的应用

超声波探伤是无损探伤技术中的一种主要检测手段。它主要用于检测板材、管材、锻件和焊缝等材料中的缺陷（如裂缝、气孔、夹渣等）、测定材料的厚度、检测材料的晶粒、配合断裂力学对材料使用寿命进行评价等。超声波探伤具有检测灵敏度高、速度快、成本低等优点，因而得到人们普遍的重视，并在生产实践中得到广泛的应用。

超声波探伤方法多种多样，最常用的是脉冲反射法。脉冲反射法根据工作原理不同可分为 A 型、B 型和 C 型三种。A 型主要应用于工业无损检测中，B 型和 C 型主要应用于医学方面，即俗称的 B 超和彩超。

1. A型超声波探伤仪

同步电路产生周期性的同步信号，分别送给发射电路和扫描电路，扫描电路产生扫描信号送示波管 X 轴。

发射电路产生一个持续时间极短的电脉冲加到探头内的压电换能器上，激励晶片发射超声波。超声波射入试件，遇到界面或者缺陷即发生反射，由探头接收并转换成电脉冲输入高频放大电路处理后加到示波管 Y 轴，从而在示波管上显示波形。其外形如图 8-5 所示，图 8-6 所示为探伤波形显示。

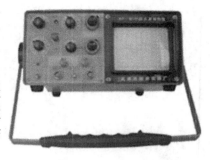

图 8-5　A 型反射式超声波探伤仪

示波管上显示的始波 T，对应于试件探测面；第一次底波 B，对应于试件底面。始波 T 和第一次底波 B 之间的距离代表试件厚度。如果在始波 T 和第一次底波 B 之间有独立的波形出现，说明该处有缺陷，则缺陷波 F 高度代表了缺陷的大小，缺陷波 F 距离始波 T 的距离，表明了缺陷的埋藏深度，即探测面到缺陷的距离。

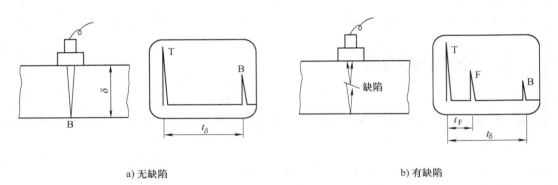

a) 无缺陷　　　　　　　　　　　　　　　　b) 有缺陷

图 8-6　探伤波形显示

2. 超声波测厚仪

脉冲反射法测厚从原理讲，就是测量声脉冲在试件中往返传播一次的时间 t，如果试件材料声速 c 为已知，则可求出试件厚度为

$$d = \frac{1}{2}ct \tag{8-1}$$

超声波测厚仪是根据超声波脉冲反射原理来测量厚度的，当探头发射的超声波脉冲通过被测物体到达材料分界面时，脉冲被反射回探头，通过精确测量超声波在材料中传播的时间来确定被测材料的厚度。凡能使超声波以一恒定速度在其内部传播的材料均可采用此原理测量，图 8-7 所示为几种常见超声波测厚仪。

超声波测厚仪可对各种板材和各种加工零件做精确测量，也可以对生产设备中各种管道和压力容器进行监测，监测它们在使用过程中受腐蚀后的减薄程度。现在，超声波测厚仪已广泛应用于石油、化工、冶金、造船、航空、航天等各个领域。

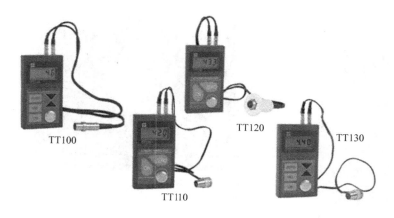

TT100

TT110

TT120

TT130

图 8-7 超声波测厚仪

8.3.2 超声波传感器在医学上的应用

 思考四：在医用检查仪器中，你知道都有哪些是超声波检测仪吗？

超声医学是声学、医学和电子工程技术学相结合的一门新兴学科。凡研究超声对人体的作用和反作用规律，并加以利用以达到医学上诊断和治疗目的的学科即是超声医学。它包括超声诊断学、超声治疗学和生物医学超声工程等。

超声波在外科、内科等领域，特别是治癌方面都有广泛的应用，比如超声治癌方法很多，有利用超声手术切除，也有通过超声与药物结合治疗的。本节重点介绍几种常用的超声波诊断仪。

1. B 超

目前，以超声图像技术为核心的 B 超已经成为临床诊断不可缺少的手段之一。它能准确地显示出体内脏器或病变的轮廓范围，其图像直观清楚，可使组织与器官之间的关系明确显示出来，层次分明；能够随时拍照，留作资料备存；安全无害、不影响人体；经济、实用、可重复、适应性较好。B 超不仅用于诊断，还可用于 B 超指引下的治疗。

B 型超声诊断仪（简称 B 超）是在 A 型超声波探伤仪基础上发展起来的，其外形如图 8-8 所示，其工作原理与 A 超基本相同，都是利用脉冲回波成像技术，不同的是 B 超将 A 超的幅度调制显示改为亮度调制显示。

由于人体各组织的密度不同，不同组织具有不同的声阻抗。当入射的超声波进入相邻的两种组织或器官时，就会出现声阻抗差，在两种不同组织界面处产生反射、折射、散射等物理特性。B 超采用各种扫查方法，接收这些反射、散射信号，显示各种组织及其病变的形态，从而对病变部位、性质和功能障碍程度作出诊断。

用于诊断时，超声波只作为信息的载体，通过它与人体组织之间的相互作用获取有关生理与病理的信息，一般使用低强度超声波。

用于治疗时，超声波则作为一种能量形式，对人体组织产生结构或功能上的生物效应，以达到某种治疗目的，一般使用高强度超声波。

B 超检查也有其不足之处：它的分辨率不够高，一些过小的病变不易被发现；一些含气

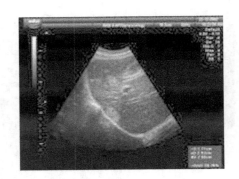

b) 屏幕显示

c) 腹部探头

d) 内窥探头

a) 诊断仪

图 8-8　B 型超声诊断仪的外形

量高的脏器遮盖的部分也不易被十分清晰地显示。同时检查者的操作细致程度和经验对诊断的准确性有很大关系。

2. 彩超

以上我们谈到了黑白 B 超，现在我们谈谈彩色 B 超，即"彩超"，其外形如图 8-9 所示。

其实彩超并不是看到了人体组织的真正的颜色，而是在黑白 B 超图像基础上加上以多普勒效应为基础的伪彩而形成的。

那么何谓多普勒效应呢，当我们站在火车站台上听有远处开来的火车笛叫声会比远离我们的火车笛叫声音调要高，也就是说对于静止的观测者来说，向着观测者运动的物体发出的声波频率会升高，相反频率会降低，这就是著名的多普勒效应。

现代医用超声波诊断仪就是利用了这一效应，当超声波碰到流向远离探头方向的液体时回声信号频率会降低，碰到流向探头方向的液体时回声信号频率会升高。再利用计算机伪彩技术加以描述，使我们能判定超声波图像中流动液体的方向及流速的大小和性质，并将此叠加在二维黑白超声图像上，就形成了我们今天见到的彩超图像。

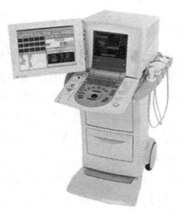

图 8-9　彩超的外形

3. 其他超声波诊断仪

在胆、肾结石的诊断上，超声波诊断仪是目前比较好的工具之一；在产科上，它对于评估胎儿结构是否异常、多胎妊娠、胎儿大小以及怀孕周期等状况有着十分重要的意义；在临床上，它被广泛应用于心内科、消化内科、泌尿科和妇产科疾病的诊断。

（1）超声内窥镜。这是 B 超技术与内窥镜技术的结合，通俗地讲就是制作一条细长的 B 超探头借助现代内窥镜技术进行内脏超近距离 B 超检查，可以更加细致地观察。目前有经食道心脏超声，经胃/十二指肠内窥镜超声，腹腔镜超声等。

（2）超声 CT。在二维超声图像上移动超声焦点，对局部脏器进行放大，实施细微观察，其外形如图 8-10 所示。其应用局限性是所观察器官与周围器官解剖位置不清晰。

（3）三维彩超。目前，大多数超声三维数据的采集是借助已有的二维超声成像系统完成的。也就是说，在采集二维图像的同时，采集与该图像有关的位置信息。再将图像与位置信息同步存入计算机后，就可以在计算机中重构出三维图像。如图 8-11 所示。采集了人体结构的三维数据后，医生可通过人-机交互方式实现图像的放大、旋转及剖切，从不同角度观察脏器的切面或整体。这将极大地帮助医生全面了解病情，提高疾病诊断的准确性。

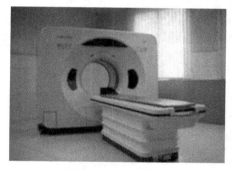

图 8-10　超声 CT 的外形

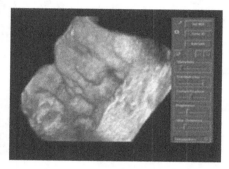

图 8-11　三维彩超的效果图

（4）四维彩超。实际上此种技术是在三维超声基础上加上时间参数，形成三维立体电影回放图像，其效果图如图 8-12 所示。第四维是指时间这个向量。超声波成像系统是根据超声波遇到物体反射成像的原理研制出来的，探头放在人体表面，产生进入人体的超声波，也接受反射回的超声波，这样便产生了相应的图像。

（5）彩色血管内超声。彩色血管内超声（IVUS）是指把超声导管沿着导引导丝送入冠状动脉内，通过超声导管前端 1mm 的超声探头，来观察冠状动脉血管内的病变。它能清晰的分辨冠状动脉内斑块、钙化等病变，准确判断病变性质及狭窄程度，为高难度的冠心病介入治疗提供准确可靠的信息，并极大地提高了图像质量和诊断精确度，为介入治疗提供可靠的依据。其外形及效果图如图 8-13 所示。

（6）手提式彩超。随着现代电子技术的发展，使彩超这种复杂的电子仪器小型化了，在保证主要功能的前提下出现了手提式彩超。这种彩超主要应用于手术中或急诊急救，另外在军队野外作战中也广泛使用。

8.3.3　超声波传感器在水处理中的应用

超声化学作为一门边沿科学的兴起是近十几年的事情，超声波作用于水处理，则是近年来超声化学领域研究的新方向。

高功率超声波的空化效应为降解水中有害有机物提供了独特的物理化学环境，从而实现超声波污水处理。

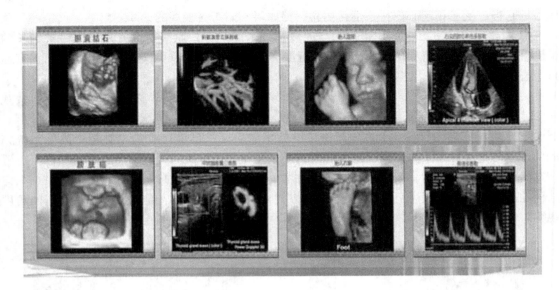

图 8-12　四维彩超的效果图

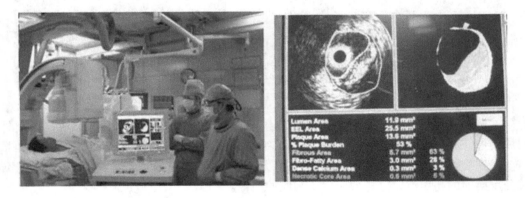

图 8-13　彩色血管内超声的外形及效果图

　　超声波污水处理，其外形如图 8-14，污水的前处理设备——污水的固液分离是超声波处理的前提。污水或废水一般伴有悬浮污物或杂质，因此必须有收集装置，这种装置可以是污水池或污水槽，其中的大体积杂物和污物与污水分离。一些细小体积的悬浮物则可添加聚丙烯酰胺絮凝剂或无机絮凝剂。

图 8-14　超声波污水处理设备的外形

阴、阳非离子型聚丙烯酰胺絮凝，是一种水溶性的高分子聚合物或电解质。由于其分子链中含有一定数量的极性基因，它能通过吸附污水中悬浮的固位粒子，使粒子间架桥或通过电荷中和使粒子凝聚成大的絮凝物，从而加速悬浮液中粒子的沉降，有非常明显的加快溶液澄清，促进过滤等效果。若同时使用无机絮凝剂（聚合硫酸铁浓缩剂、聚氯化铝、铁盐等），则可显示出更大的效果。絮凝剂的添加量一般为 $0.011g/m^3$，在冷水中也能完全溶解。其主要作用是澄清净化、沉降促进、过滤促进、增稠（浓）作用，是废水、废液处理中的常用品。

经过固液分离后的污水再导入超声波，发生超声波空化现象，超声空化泡的崩溃所产生的高能量足以断裂化学键。在水溶液中，空化泡崩溃产生氢氧基（OH）和氢基（H），同有机物发生氧化反应。空化独特的物理化学环境开辟了新的化学反应途径，骤增化学反应速度，对有机物有很强的降解能力，经过持续超声可以将有害有机物降解为无机离子、水、二氧化碳或有机酸等无毒或低毒的物质。

超声降解水中有机污染物技术既可单独使用，也可利用超声空化效应，将超声降解技术同其他处理技术联用进行有机污染物的降解去除。联用技术有如下类型：

超声与臭氧联用，以超声降解、杀菌与臭氧消毒共同作用于污染水的处理。

超声与磁化处理技术联用，磁化对污染水体既可以实现固液分离，又可以对 COD、BOD 等有机物降解，还可以对染色污水进行脱色处理。

超声还可以直接作为传统化学杀菌处理的辅助技术，在用传统化学方法进行大规模水处理时，增加超声辐射，可以大大降低化学药剂的用量。

8.3.4 超声波在日常生活中的应用

 思考五： 你听说过超声波洗碗机吗？超声波洗衣机呢？

1. 超声波洗衣机

据报道，日本曾设计一种洗衣机，它和传统的洗衣机不同，既不需要旋转马达，也不需要洗涤剂，衣服上的污渍只需要用洗槽内的气泡和超声波即可去除干净。

超声波洗衣机主要由洗槽、超声波发生器、气泡供给器及若干方向各异、高度数厘米的金属板构成，其结构和外形如图 8-15 所示。

当洗槽充满水，衣服投入洗槽中，气泡供给器和超声波发生器开始工作，洗槽内即有超声波和大量气泡产生，超声波因气泡的折射作用而均匀地分散在衣服上，浸入的衣服受超声波作用后，表面的污渍也随之分解，同时被气泡带出，衣服也变干净了。

超声波洗衣机最大特点是不用搅拌，不用洗衣粉，所以不损坏衣服。此外，由于衣服的密度小，超声波能畅通无阻地作用到衣服内部，即使衣服重叠在一起也不会受影响。

2. 超声波洗碗机

20 世纪 80 年代中期，国外研制了超声波洗碗机，其外形如图 8-16 所示，且有商品供应。

超声波洗碗机实际上类似一台超声波清洗器。其作用机理还是利用超声波作用于水中，产生无数气泡的空化现象，瞬间产生上千个大气压和 1000℃ 的高温，污物在超声的搅拌、分散、乳化作用下被清除。

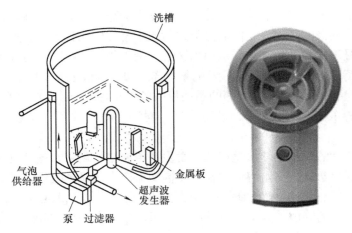

图 8-15　超声波洗衣机的结构和外形

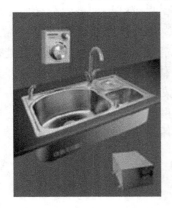 

图 8-16　超声波洗碗机的外形

这种洗碗机在底部有六个频率为 27kHz 的磁致伸缩换能器，超声发生器的输出功率为 400W。

3. 汽车防撞报警器—倒车雷达

倒车雷达是汽车泊车或者倒车时的安全辅助装置，能以声音或者更为直观的视频显示告知驾驶员周围障碍物的情况，解除了驾驶员泊车、倒车和起动车辆时前后左右探视所引起的困扰，并帮助驾驶员扫除了视野死角和视线模糊的缺陷，提高驾驶的安全性，如图 8-17 所示。

图 8-17　汽车防撞报警器

通常，倒车雷达由超声波传感器（俗称探头）、控制器和显示器（或蜂鸣器）等部分构成。倒车雷达一般采用超声波测距原理，在控制器的控制下，由传感器发射超声波信号，当遇到障碍物时，产生回波信号，传感器接收到回波信号后经控制器进行数据处理、判断出障碍物的位置，由显示器显示距离并发出其他警示信号，及时示警，从而使驾驶者倒车时做到心中有数，使倒车变得更轻松。

阅读材料：超声波传感器在倒车雷达上的发展

经过数年的发展，倒车雷达系统已经过了六代的技术改良，不管从结构外观上，还是从性能价格上，这六代产品都各有特点，使用较多的是数码显示、荧屏显示和魔幻镜倒车雷达这三种。

第一代倒车喇叭提醒。"倒车请注意"！想必不少人还记得这种声音，这就是倒车雷达的第一代产品，现在只有小部分商用车还在使用。只要司机挂上倒档，它就会响起，提醒周围的人注意。从某种意义上说，它对司机并没有直接的帮助，不是真正的倒车雷达。

第二代轰鸣器提示。这是倒车雷达系统的真正开始。倒车时，如果车后 1.8～1.5m 处有障碍物，轰鸣器就会开始工作。轰鸣声越急，表示车辆离障碍物越近。

但它没有语音提示，也没有距离显示，虽然司机知道有障碍物，但不能确定障碍物离车有多远，对驾驶员帮助不大。

第三代数码波段显示，如图 8-18 所示。比第二代进步很多，可以显示车后障碍物离车体的距离。如果是物体，在 1.8m 开始显示；如果是人，在 0.9m 左右的距离开始显示。

这一代产品有两种显示方式，数码显示产品显示距离数字，而波段显示产品由三种颜色来区别：绿色代表安全距离，表示障碍物离车体距离有 0.8m 以上；黄色代表警告距离，表示离障碍物的距离只有 0.6～0.8m；红色代表危险距离，表示离障碍物只有不到 0.6m 的距离，你必须停止倒车。它把数码和波段组合在一起，比较实用，但安装在车内不太美观。

第四代液晶荧屏显示，如图 8-19 所示。这一代产品有一个质的飞跃，特别是荧屏显示开始出现动态显示系统。不用挂倒档，只要发动汽车，显示器上就会出现汽车图案以及车辆周围障碍物的距离。动态显示，色彩清晰漂亮，外表美观，可以直接粘贴在仪表盘上，安装很方便。不过液晶显示器外观虽精巧，但灵敏度较高，抗干扰能力不强，所以误报也较多。

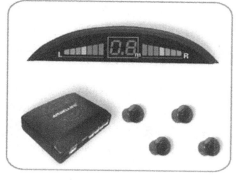

图 8-18　第三代倒车雷达

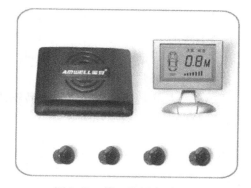

图 8-19　第四代倒车雷达

第五代魔幻镜倒车雷达，如图 8-20 所示。结合了前几代产品的优点，采用了最新仿生超声雷达技术，配以高速电脑控制，可全天候准确地测知 2m 以内的障碍物，并以不同等级的声音提示和直观的显示提醒驾驶员。

魔幻镜倒车雷达把后视镜、倒车雷达、免提电话、温度显示和车内空气污染显示等多项功能整合在一起，并设计了语音功能，是目前市面上比较先进的倒车雷达系统。因为其外形就是一块倒车镜，所以可以不占用车内空间，直接安装在车内倒视镜的位置。而且颜色款式多样，可以按照个人需求和车内装饰选配。

第六代新品功能更加强大，如图 8-21 所示。第六代产品在第五代的基础上新增了很多功能，是专门为高档轿车生产的。从外观上来看，这套系统比第五代产品更为精致典雅；从功能上来看，它除了具备第五代产品的所有功能之外，还整合了高档轿车具备的影音系统，可以在显示器上观看 DVD 影像。

 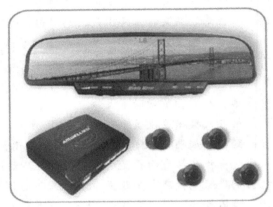

图 8-20　第五代倒车雷达　　　　　　图 8-21　第六代倒车雷达

本 章 小 结

当物体的振动高于人耳听阈上限频率，即高于 20kHz 时，人耳是听不到的，这样的声波称为超声波。

压电式超声波发生器实际上是利用压电晶体的谐振来工作的。当压电晶片受发射脉冲激励后产生振动，即可发射声脉冲；当超声波作用于晶片时，晶片受迫振动引起的形变可转换成相应的电信号。前者是超声波的发射，依据于压电晶片的逆压电效应；后者是超声波的接收，依据于压电晶片的正压电效应。

超声探头是实现电能和声能相互转换的一种换能器件。按其结构不同又分为直探头、斜探头、联合双探头和液浸探头等。

超声波探伤方法多种多样，最常用的是脉冲反射法。脉冲反射法根据工作原理不同可分为 A 型、B 型和 C 型三种。A 型主要应用于无损检测中，B 型和 C 型主要应用于医学方面，即俗称的 B 超和彩超。

复习与思考

1. 填空题

（1）超声波的振动频率高于_____时，人耳是_____。

（2）超声波的发射，依据于压电晶片的_____效应；超声波的接收，依据于压电晶片的_____效应。

（3）超声探头是实现_____能和_____能相互转换的一种换能器件。按其结构不同又分为_____探头、_____探头、_____双探头和_____探头等。

（4）脉冲反射法根据工作原理不同可分为_____型、_____型和_____型三种，A 型主要应用于_____中。

2. 简答题

（1）你在日常生活中都了解哪些超声知识呢？

（2）简述超声波传感器发射和接收的原理。

（3）超声探头按结构可几类？

（4）脉冲反射式超声波探伤可分为哪三种？

第 9 章　信号处理方法

被测量经传感器转换成的电信号，通常需要进行处理，并转换成便于传输、处理和显示的形式，再用仪器、仪表等显示或者记录下来，供人观察或研究。

考虑到本课程的重点在于传感器的应用，本章只简单介绍和我们实验中有关的部分。

9.1　电桥

 **思考一**：你知道前面学过的电阻应变式、电容式以及电感式传感器都常采用了什么测量电路吗？

1. 熟悉电桥的工作原理；
2. 了解使用直流电桥；
3. 了解使用交流电桥。

电桥是将电阻、电感、电容等参量的变化转换为电压或者电流输出的一种测量电路，其输出即可用指示仪表直接测量，也可以送入放大器进行放大。

由于电桥测量电路简单，并且具有较高精确度和灵敏度，在测量装置中被广泛应用。

9.1.1　直流电桥

图 9-1 所示是直流电桥的基本形式，以电阻 R_1、R_2、R_3、R_4 作为 4 个桥臂组成桥路。当电桥输出端接输入电阻较大的电压表或放大器时，可视为开路，电桥输出电压为

$$U_\text{o} = \frac{R_1 R_3 - R_2 R_4}{(R_1 + R_2)(R_3 + R_4)} U_\text{i} \tag{9-1}$$

由式 9-1 可知，若要使电桥平衡，输出电压为零，应满足

$$R_1 R_3 = R_2 R_4 \tag{9-2}$$

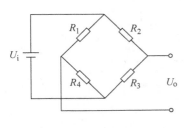

图 9-1　直流电桥

电阻应变式传感器通常采用直流电桥测量，如图 9-2 所示，电位器 RW_1 用于电桥调零。按照应变片的使用情况，可以将电桥分为半桥单臂、半桥双臂和全桥。

图 9-2a 所示是半桥单臂连接，R_1 为电阻应变式传感器，ΔR 为应变片 R_1 随被测物理量变化而产生的电阻值增量。为了简化桥路设计，往往取相邻两桥臂电阻值相等，即 $R_1 = R_2 = R_0$，$R_3 = R_4 = R_0'$。若 $R_0 = R_0'$，根据式 9-1，则输出电压为

$$U_\text{o} \approx \frac{\Delta R}{4 R_0} U_\text{i} \tag{9-3}$$

可见，电桥输出电压与激励电压 U_i 成正比，也与 $\Delta R / R_0$ 成正比。

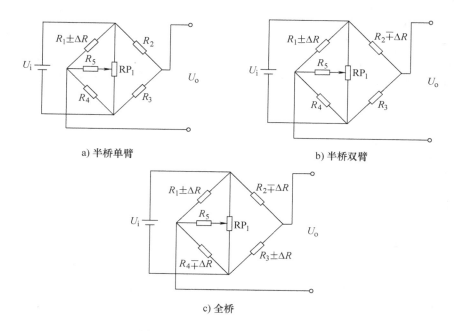

a) 半桥单臂

b) 半桥双臂

c) 全桥

图 9-2　应变式传感器的测量电路

图 9-2b 所示为半桥双臂接法，R_1、R_2 为两片受力相反的应变片，接入电桥邻臂，其电阻值随被测量而变化，即 $R_1 \pm \Delta R_1$、$R_2 \mp \Delta R_2$，当 $\Delta R_1 = \Delta R_2 = \Delta R$ 时，电桥输出电压为

$$U_o = \frac{\Delta R}{2R_0} U_i \tag{9-4}$$

图 9-2c 所示为全桥接法，受力性质相同的应变片接入电桥对臂，如 R_1、R_3，受力性质不同的应变片接入邻臂，如 R_2、R_4，其电阻值随被测量而变化，同理，电桥输出电压为

$$U_o = \frac{\Delta R}{R_0} U_i \tag{9-5}$$

显然，电桥接法不同，输出电压也不同，全桥接法可以获得最大的输出。

图 9-2 所示电桥是在不平衡条件下工作的，其缺点是当电源电压不稳定或者环境温度有变化时，都会引起电桥的输出变化，从而产生测量误差。为此，在某些情况下采用平衡电桥，如图 9-3 所示。

设被测量等于零时，电桥处于平衡状态，此时指示仪表 G 及可调电位器 H 指零。当某一桥臂随被测量变化时，电桥失去平衡。调节电位器 H，改变电阻 R_5 触点位置，可使电桥重新平衡，电表 G 指针回零。电位器 H 上的标度与桥臂电阻值的变化成正比，故 H 的指示值可以直接表达被测量的数值。这种测量法的特点是在读数时电表 G 始终指零，因此也称为"零位测量法"。

图 9-3　平衡电桥

9.1.2　交流电桥

交流电桥采用交流激励电压，电桥的四个桥臂可为电感、电容或者电阻，是电容式传感器、电感式传感器的常用测量电路。

交流电桥平衡条件为对臂电桥阻抗乘积相等，这包含两层含义，即：相对两臂阻抗之模的乘积相等，阻抗角之和也必须相等。

为满足上述平衡条件，交流电桥各臂可有不同的组合，常用的有电容电桥，如图 9-4 所示，其相邻两臂接入电阻，另外两臂接入电容；还有电感电桥，如图 9-5 所示，其相邻两臂接入电阻，另外两臂接入电感。

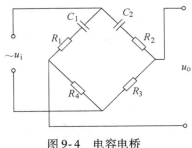
图 9-4　电容电桥

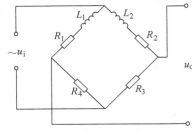
图 9-5　电感电桥

一般采用音频交流电源（5~10kHz）作为电桥电源，这样电桥输出将为调制波，外界工频干扰不易从线路中引入，并且后接交流放大电路简单、无零漂。

9.2　调制与解调

思考二： 你知道收音机、电视机中收到的信号是怎样传输的吗？又是怎样恢复的吗？我们经常听到 FM95.9 之类的文艺广播电台，你知道 FM95.9 意味着什么吗？

1. 了解调制、解调的基本概念；
2. 了解调幅的方法；
3. 了解解调的方法。

9.2.1　简介

调制就是使一个信号的某些参数在另一信号的控制下而发生变化的过程。前一信号称为载波，一般是较高频率的交变信号；后一信号称为调制信号。最后的输出是已调制波，已调制波一般便于放大和传输。

从已调制波中恢复出调制信号的过程，称为解调。解调的目的是为了恢复原信号。

根据载波受调制的参数不同，调制可分为调幅（AM）、调频（FM）和调相（PM），分别是使载波的幅值、频率和相位随调制信号而变化的过程。它们的已调制波分别称为调幅波、调频波和调相波。

广播、电视系统都是采用调幅或者调频进行调制，然后传输到各地，再经解调后复原。本节只简单介绍电容式传感器、电感式传感器测量电路中用到的调幅及解调。

9.2.2　调幅

调幅是将一个高频简谐信号（载波）与测试信号（调制信号）相乘，使高频信号的幅值随测试信号的变化而变化的过程。

调幅过程如图9-6所示，以高频余弦信号作载波，把信号$x(t)$与载波相乘，其结果就是相当于把原信号的频谱图形由原点平移到载波频率f_0处，其幅值减半。

从图9-6可以看出，载波频率f_0必须高于原信号中的最高频率f_m才能使已调制波仍保持原信号的频谱图形不重叠。为减小放大电路可能引起的失真，信号的频宽（$2f_m$）相对中心频率（f_0）越小越好。实际上载波频率常至少数倍于调制信号。

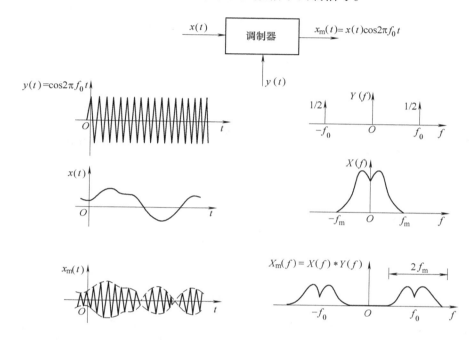

图9-6 调幅过程

幅值调制器实质上是一个乘法器。霍尔元件也是一种乘法器，差动变压器和交流电桥在本质上也是一个乘法器，若以高频振荡电源供给电桥，则输出为调幅波。在电容式传感器测位移实验中，就是采用这种方法对位移信号进行处理的。

9.2.3 解调

解调是为了恢复原信号。为了解调可以使调幅波和载波相乘，乘后通过低通滤波即可。常采用相敏检波电路对调幅波进行解调，如图9-7所示，利用二极管的单向导通作用将电路输出极性换向。

图中$x(t)$为原信号，$y(t)$为载波，$x_m(t)$为调幅波。电路设计使变压器B二次边的输出电压大于A的二次边电压。

若原信号$x(t)$为正，调幅波$x_m(t)$与载波$y(t)$同相，如图9-7中o-a段所示。当载波电压为正时，VD_1导通，电流的流向是d—1—VD_1—2—5—c—负载R_f—地—d；当载波电压为负时，变压器A和B极性同时改变，VD_3导通，电流的流向是d—3—VD_3—4—5—c—负载R_f—地—d。无论载波极性如何变化，流过负载的电流方向总是从c—地，为正。

若原信号$x(t)$为负，调幅波$x_m(t)$与载波$y(t)$反相，如图a-b段所示。当载波电压为正时，变压器 B 极性如图所示，变压器 A 的极性与图中相反。此时 VD_2 导通，电流的流向是 5—2—VD_2—3—d—地—负载 R_f—c—5；当载波电压为负时，VD_4 导通，电流的流向是 5—4—VD_4—d—地—负载 R_f—c—5。无论载波极性如何变化，流过负载的电流方向总是从地—c，为负。

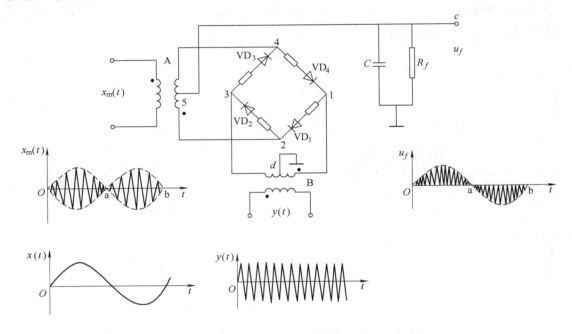

图 9-7　相敏检波

注意到交变信号在其过零线时符号（＋、－）发生突变，调幅波的相位（与载波比较）也相应发生 180°的相位跳变。利用载波信号与之比相，既能反映出原信号的幅值又能反映其极性。

电阻应变仪就是采用电桥调幅与相敏检波解调的，如图 9-8 所示。电桥由振荡器供给等幅高频振荡电压（一般频率为 10～15kHz）。被测（应变）量通过电阻应变片调制电桥输出调幅波，经放大、相敏检波与低通滤波取出所测信号。

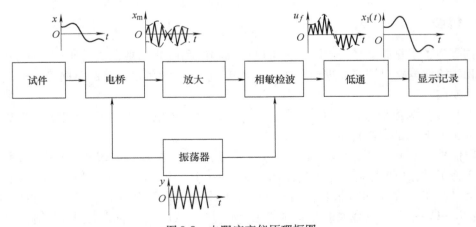

图 9-8　电阻应变仪原理框图

9.3　滤波器

思考三： 你还记得在压电式传感器测振动的实验中在双踪示波器上观察到的波形吗？你在实验报告上画出的两个波形有怎样的区别呢？是什么装置让波形变化了呢？

1. 了解滤波器；
2. 了解滤波器的分类。

滤波器是一种选频装置，可以使信号中特定的频率成分通过，同时极大的衰减其他频率成分。利用滤波器的选频特性，可以滤除干扰噪声进行频谱分析。

1. 滤波器的分类

根据滤波器的选频作用，一般将滤波器分为四类：低通、高通、带通和带阻滤波器。图9-9 所示是这四种滤波器的幅频特性。

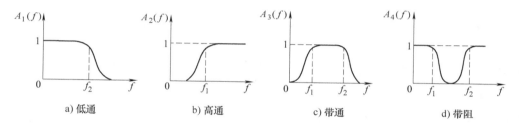

a) 低通　　　　b) 高通　　　　c) 带通　　　　d) 带阻

图9-9　四种滤波器的幅频特性

（1）低通滤波器。频率 $0 \sim f_2$ 之间为其通频带，其幅频特性平直。它可以使信号中低于 f_2 的频率成分几乎不受衰减地通过，而高于 f_2 的频率成分受到极大地衰减。

（2）高通滤波器。与低通滤波器相反，频率 $f_1 \sim \infty$ 之间为其通频带，其幅频特性平直。它使信号中高于 f_1 的频率成分几乎不受衰减地通过，而低于 f_1 的频率成分受到极大地衰减。

（3）带通滤波器。频率 $f_1 \sim f_2$ 之间为其通频带。它使信号中高于 f_1 并低于 f_2 的频率成分几乎不受衰减地通过，而其他成分受到极大地衰减。

（4）带阻滤波器。与带通滤波器相反，其阻带在频率 $f_1 \sim f_2$ 之间。它使信号中高于 f_1、并低于 f_2 的频率成分受到极大地衰减，其余频率成分几乎不受衰减地通过。

2. 实际 RC 调谐式滤波器

在实际应用时常用 RC 调谐式滤波器，因为在测试领域里信号频率相对是不高的，而 RC 调谐式滤波器电路简单，抗干扰性强，有较好的低频性能，并且选用标准阻容元件也容易实现。

（1）RC 低通滤波器。其典型电路如图9-10 所示，当 $f \leqslant \dfrac{1}{2\pi RC}$ 时，信号几乎不受衰减地通过，在此情况下，RC 低通滤波器是一个不失真传输系统。当 $f \geqslant \dfrac{1}{2\pi RC}$ 时，此时 RC 低通滤波器起着积分器的作用，信号受到极大的衰减，输出电压与输入电压的积分成正比。

（2）RC 高通滤波器。其典型电路如图 9-11 所示，当 $f \geqslant \dfrac{1}{2\pi RC}$ 时，即当 f 相当大时，信号几乎不受衰减地通过，此时 RC 高通滤波器可视为不失真传输系统。当 $f \leqslant \dfrac{1}{2\pi RC}$ 时，此时 RC 低通滤波器起着微分器的作用，信号受到极大的衰减，输出电压与输入电压的微分成正比。

（3）RC 带通滤波器。RC 带通滤波器可以看成低通滤波器和高通滤波器串联组成。

传感器测量过程中最常使用的是 RC 低通滤波器，图 9-12 所示是压电式传感器振动测量电路中低通滤波前后的波形。

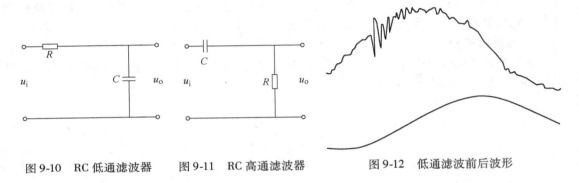

图 9-10　RC 低通滤波器　　　　图 9-11　RC 高通滤波器　　　　图 9-12　低通滤波前后波形

9.4　信号的显示和记录

**思考四：** 无论我们选择什么样的传感器，我们总是希望对传感器检测出来的数据信息了解、分析和研究，在某些场合，还会将其存储起来，供需要的时候随时重放。你都了解有哪些显示和记录的方式呢？

了解常用的显示和记录方法。

显示有多种形式，视用途不同而定。目前常用的显示方式有如下几种：

1. 灯光显示

灯光显示是一种简单直接的显示方式。指示灯一般只显示有无信号，不能显示信号的强弱，如图 9-13 所示的路口信号灯显示等。

2. 表头显示

采用表头显示信号是最原始、最普及的一种方式，主要用于较简单的仪器中。常用的仪表可分为模拟式和数字式两种，其外形如图 9-14 所示。

图 9-13　灯光显示

图9-14 表头显示仪表的外形

3. CRT 显示

利用 CRT 可作为图形显示和字符显示。字符显示主要用于计算机监控系统，而图形显示方式大量用于电子仪器中。示波器是最常用的一种，其外形如图9-15所示。

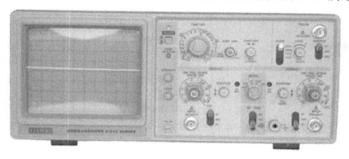

图9-15 示波器的外形

CRT 利用电子束撞击荧光屏，使之呈现光点；通过控制电子束的强度和方向来改变光点的亮度和位置，令其按预定规律变化，而在荧光屏上显示预定的图像。

示波器具有频带宽、动态响应好等优点，适于显示瞬态、高频和低频的各种信号。

4. 荧光数码显示

荧光数码显示仪器有真空器件和半导体器件两种，现在多为半导体数码管，其外形如图9-16所示。本书实验中各种位移、温度测量转换输出的电压表都是数码管显示，光电、磁电传感器测量转速的转速/频率表也是数码管显示。

5. 液晶显示

液晶显示能显示图形和字符，显示图形的液晶元件正在发展之中（如图9-17所示的薄壁形彩电），目前价格较贵。数字液晶显示是近年来发展最快的一种显示元件。

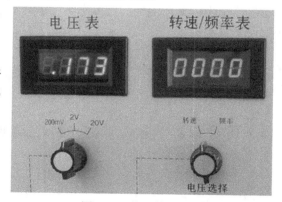

图9-16 数码管显示

6. 报警器

报警器是一种显示信号强度的方式。常用的报警器中多数采用蜂鸣器声报警，如消防系统中常用的烟雾探测器、温度探测器等。图 9-18 所示是一种声光报警器。

图 9-17　薄壁形彩电

图 9-18　声光报警器

为使信号能长期保存，记录仪是必要的。一些记录仪，如笔式记录仪和光线示波器虽然能直观记录信号的时间历程，却不能以电信号的方式重放，给后续处理造成许多困难。如图 9-19 所示是几种常见的磁记录媒介，磁带、磁盘、光盘。

a) 磁带

b) 磁盘

c) 光盘

图 9-19　磁记录

磁记录虽然必须通过其他显示、记录器才能观察所记录的波形，但它能反复播放，以电量形式输出，复现信号。它可用与记录时不同的速度重放，以实现信号的时间压缩或扩展，也便于复制。

9.5　抗干扰技术

思考五： 干扰是各种检测都要面临的问题，声、光、电、磁等种种干扰无处不在，怎么处理和预防呢？

1. 了解干扰的来源；
2. 了解常用的抗干扰方法。

1. 干扰的来源

干扰的形成必须具备三个条件：干扰源、干扰途径和对噪声敏感的接收电路。

一般来说干扰有外部干扰和内部干扰两种。

（1）外部干扰。从检测装置外部侵入的称外部干扰。如雷电、宇宙辐射等自然干扰，电磁场、电火花等电气干扰，温度热干扰等。外部干扰对检测装置的干扰一般都作用在输入端。

（2）内部干扰。主要是指电子器件本身的噪声干扰。

2. 抑制干扰的方法

（1）消除或者抑制干扰源。如使用屏蔽技术，使被屏蔽体削弱的信号不会传到外部，也避免了外部的各种干扰不会穿透屏蔽体进入内部。例如，对接触器、继电器采用触点灭弧装置等方法。

（2）破坏干扰途径。模拟信号可采用变压器、光耦等方法进行隔离处理；数字信号可使用限幅、整形等信号处理方法切断干扰途径；还可使用不同接地方法。

（3）削弱接收电路对干扰的敏感性。如使用滤波器的选频特性可以消除不同频率的干扰；使用负反馈技术可以有效地削弱各种内部噪声源。

常用的干扰技术有屏蔽、接地、滤波、隔离等。

本 章 小 结

直流电桥是电阻应变式传感器常用的测量电路，按照应变式的分布可分为半桥单臂、半桥双臂和全桥。

交流电桥是电容、电感式传感器常用的测量电路，交流电桥在本质上相当于调幅装置，若以高频振荡电源供给电桥，则输出为调幅波。解调通过相敏检波电路辅助进行。

很多信号的处理都需要使用滤波器，在传感器的后续信号处理中，多数采用 RC 低通滤波器。

常用信号显示和记录方式有灯光显示、表头显示、CRT 显示、荧光数码显示、液晶显示、报警器、记录仪等。

干扰的形成必须具备三个条件：干扰源、干扰途径和对噪声敏感的接收电路。抑制干扰的方法有消除或者抑制干扰源、破坏干扰途径、削弱接收电路对干扰的敏感性。常用的干扰技术有屏蔽、接地、滤波、隔离等。

复习与思考

1. 填空题

（1）按照应变片的使用情况，可以将电桥分为_____、_____和_____。

（2）根据载波受调制的参数不同，调制可分为_____、_____和_____。解调的目的是为_____。

（3）根据滤波器的选频作用，一般将滤波器分为四类：_____、_____、_____和_____滤波器。

（4）_____信号是最原始、最普及的一种方式。

（5）干扰的形成必须具备三个条件：_____、_____和_____。

2. 简答题

（1）采用半桥双臂比半桥单臂的输出灵敏度提高多少？满足什么条件半桥双臂输出灵敏度最高？

（2）AM、FM、PM 含义是什么？

（3）试从调幅原理说明，为什么动态应变仪的电桥激励电压频率为 10kHz，而工作频率为 0～1500Hz？

（4）你知道电子手表属于何种显示方式吗？

第10章　传感器在机电产品中的应用

传感器在诸多领域都起着至关重要的作用。本章主要介绍传感器在机器人、家用电器、汽车和气动自动化系统等方面的应用。

10.1　机器人中的传感器

 **思考一：** 你见过机器人吗？你知道机器人是怎么模仿人的吗？

1. 了解机器人的分类；
2. 了解机器人中视觉、触觉及接近觉传感器；
3. 了解机器人中听觉、嗅觉及味觉传感器。

10.1.1　机器人的分类

关于机器人的分类，国际上没有统一的标准，有的按负载重量分，有的按控制方式分，有的按自由度分，有的按结构分，有的按应用领域分。图10-1所示是几种类型的机器人。

a) 铆接机器人　　　　　　　　　　b) 机械手　　　　　　　　　　　c) 机器狗

图 10-1　几种类型的机器人

在我国，从应用领域出发，将机器人分为两大类，即工业机器人和特种机器人。工业机器人就是面向工业领域的多关节机械手或多自由度机器人；特种机器人则是除工业机器人之外的、用于非制造业并服务于人类的各种机器人，包括服务机器人、水下机器人、娱乐机器人、军用机器人、农业机器人、微操作机器人等。在特种机器人中，有些分支发展很快，有独立成体系的趋势，如服务机器人、水下机器人、军用机器人、微操作机器人等。目前，国际上，从应用领域出发将机器人也分为两类：制造领域的工业机器人和非制造领域的服务与仿人型机器人，这和我国的分类是一致的。机器人的一般分类方式见表10-1。

表10-1　机器人的分类

分 类 名 称	简 要 解 释
操作型机器人	能自动控制，可重复编程，多功能，有多个自由度，可固定或运动，用于相关自动化系统中的机器人。
程控型机器人	按预先要求的顺序及条件，依次控制其机械动作的机器人。
示教再现型机器人	通过引导或其他方式，先教会动作，再输入工作程序，自动重复进行作业的机器人。
数控型机器人	先通过数值、语言等方式对其进行示教，再根据示教后的信息进行作业的机器人。
感觉控制型机器人	利用各类传感器获取的信息控制其自身动作的机器人。
适应控制型机器人	能适应环境的变化，控制其自身的行动的机器人。
学习控制型机器人	能"体会"工作的经验，具有一定的学习能力，并将所"学"的经验用于工作中的机器人。
智能机器人	以人工智能决定其行动的机器人。

10.1.2　视觉传感器

1. 机器人视觉

人的视觉是以光作为刺激的一种感觉，眼睛就是一个光学系统。外界的信息作为影像投射到视网膜上，再经处理后传到大脑。视网膜上有两种感光细胞，视锥细胞和视杆细胞，视锥细胞主要感受白天的景象，视杆细胞感受夜间景象。人的视锥细胞大约有700多万个，是听觉细胞的3000多倍，因此在各种感官获取的信息中，视觉约占80%。

同样对于机器人来说，视觉也是最重要的感知外界的途径。视觉作用的过程如图10-2所示。

图10-2　视觉作用的过程

客观世界中三维实物经由视觉传感器（如摄像机）成为平面的二维图像，再经处理部件给出景象的描述。应该指出，实际的三维物体形态和特征是相当复杂的，特别是由于识别的背景千差万别，而且机器人视觉传感器的视角又时刻在变化，引起图像时刻发生变化，所以机器人视觉在技术上实现的难度是较大的。

2. 视觉传感器

（1）人工网膜。人工网膜是用光电管阵列代替视网膜感受光信号。其最简单的形式是3×3的光电管矩阵，多的可达256×256个像素的阵列甚至更高。

（2）光电探测器件。最简单的单个光电探测器件是光导管和光敏二极管，光导管的电阻随所受的光照度变化而变化；而光敏二极管像太阳能电池一样是一种光生伏特器件。当"接通"时能产生与光照度成正比的电流，它可以是固态器件，也可以是真空器件，在检测中用来产生开/关信号，用来检测一个特征物体的有无。目前用于非接触测试的固态阵列有自扫描光敏二极管（SSPD）、电荷耦合器件（CCD）、电荷耦合光敏二极管（CCPD）和电荷注入器件（CID），其主要区别在于电荷形成的方式和电荷读出方式不同。

目前在机器人视觉中采用 CCD 器件的占多数。利用 CCD 器件制成的固态摄像机与光导摄像管式的电视摄像机相比有一系列优点，如较高的几何精度、更大的光谱范围、更高的灵敏度和扫描速率、结构尺寸小、功耗小、耐久可靠等。

3. 机器人视觉传感器的应用

典型的机器人视觉传感器原理框图如图 10-3 所示。

图 10-3　机器人视觉传感器原理框图

光电转换和 A/D 转换组成视觉检测部分。数据的预处理包括对图像数据的存储与分析。第四部分中的状态量是指对象物体的位置和方向，根据需要，还可算出移动速度等，一般根据重心来确定对象的位置，根据状态量，机器人可进行操作等。

图 10- 4 所示是一种利用视觉传感器控制机器人的方案。它包括一条传送带，一个布置在上方的 CCD 摄像机和一个机器人。在操作状态中，系统自动执行零件传送功能，操作器将零件以随机位置放到运动的传送带上，传送带带着零件通过不停搜索着的视觉传感器，视觉传感器确定零件的类型、位置与取向并将此信息送给机器人的控制系统，然后，在零件随传送带连续运动的情况下，机器人对它进行跟踪、并将零件从传送带上抓住送往一预定的位置。如果传送带上有几种零件，那么，视觉传感器还要进行描绘和识别工作。

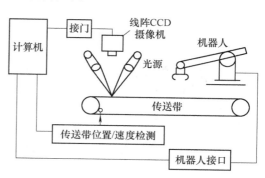

图 10- 4　机器人视觉传感器应用

10.1.3　触觉传感器

要使机器执行准确而精巧的操作，就需要时刻检测机器人与对象物体之间的相互关系。这一功能的实现需要借助于触觉。视觉用于掌握对象及其周围环境等大范围的状况，它被用作诸如确定操作步骤等宏观判断。而触觉则用来承担执行操作过程中的微观判断，它可用于操作步骤细微变动时机器人的实时控制。机器人触觉可分为：接触觉、压觉、力觉和滑觉等四种。以下简要介绍这四种传感器的原理与结构。

1. 接触觉传感器

接触觉（以下简称"触觉"）传感器用来检测机器人的某些部位与外界物体是否接触。例如：装有触觉传感器的机械手，能感受是否抓住零件，并能自动将零件置于手的中心。

机器人触觉传感器最简单的形式是将滚轮与控制杆等特殊形状的传动装置安装在微动开关上。这种开关配置在机器人手腕的各部位，如内外侧、上下侧及手指的指端左右。开关获得的信息决定手臂的动作，抓握状态由手指内侧开关决定，为了较好地检测机器人手爪的抓握状态，触觉的检测点必须高密度地分布在很小的指面上。目前常用含碳海绵、导电橡胶等构成敏感接触力的传感器。当有接触力作用时，这类传感器能导通或断路，从而输出高或低电平。

图 10-5 所示为金属圆顶式高密度接触传感器。压力使弹性金属圆顶弯曲，从而接触下面的触点。灵敏度可通过金属圆顶和接触点之间的空气压力进行调整。接点信息通过多路调制器选择后送入计算机。

图 10-6 所示为用针式差分变压器配置成的矩阵分布式接触传感器。用这种传感器能识别物体的形状。在各触针上，激励线圈与检测线圈成对而绕。每个传感器均由钢针、塑料套筒，以及拾针杆、加复位力的磷青铜弹簧等构成。这种传感器的原理是，当针杆与物体接触而产生位移时，针杆根部的磁性体将随之运动，从而增强了两个线圈间的耦合系数。通过电路控制，轮流在各行激励线圈上加交流电压，检测线圈产生的感应电压随针杆的位移增加而增大，经多路转换开关可轮流读出各列检测线圈的电压。通过电压门限可得到 1mm 左右的位移开关信息。这种轮流对激励线圈通电，轮流对检测线圈测试的方式称为扫描，经扫描可以得到矩阵中各点的状态信息。

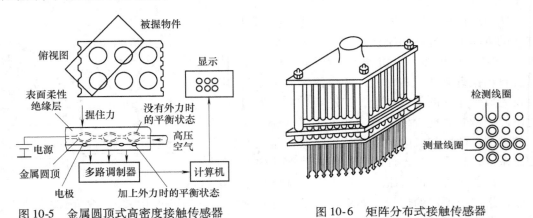

图 10-5 金属圆顶式高密度接触传感器　　　　图 10-6 矩阵分布式接触传感器

2. 压觉传感器

压觉传感器用来检测机器人手爪握持面上承受的压力大小和分布。图 10-7 所示是由碳纤维等压敏元件夹在两个电极之间构成的矩阵压觉传感器。用它可配成 4×4 传感器阵列。

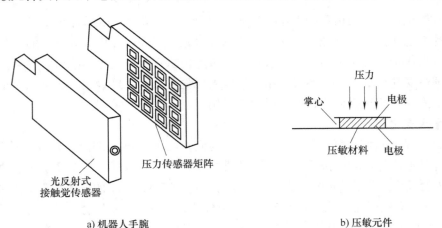

a) 机器人手腕　　　　　　　　　　　　b) 压敏元件

图 10-7 矩阵压觉传感器

图 10-8 所示是由导电橡胶柱与金属电极棒交叉排列构成的格子型压觉传感器，它能检测受力点的信息。

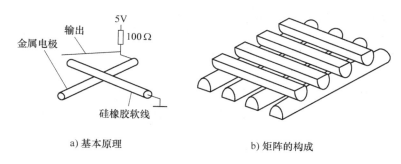

a) 基本原理　　　　　　b) 矩阵的构成

图 10-8　格子型压觉传感器

图 10-9 所示是由半导体技术制成的智能式高密度压觉传感器。具有压阻特性的导电塑料层下面是绝缘层和金属电极，获取的信号由硅片上的大规模集成电路处理。

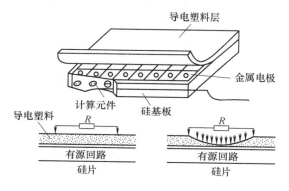

图 10-9　智能式高密度压觉传感器

图 10-10 所示为硅电容压觉传感器硅电容压觉传感器采用大规模集成电路制成，它具有高的分辨率、稳定性，以及简单的接口电路，测量范围较宽。

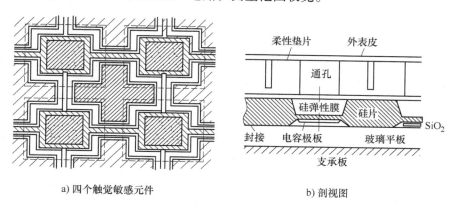

a) 四个触觉敏感元件　　　　　　b) 剖视图

图 10-10　硅电容压觉传感器

基本电容单元的两个极：一个是采用局部蚀刻的硅薄膜；另一个是与之对应的玻璃衬底

上的一对金属化极板。硅膜片随作用力而向下弯曲产生变形。采用静电作用把硅基片封贴在玻璃衬底上，二氧化硅用来将硅片上的电容极板与基片绝缘，电容极板一行行连接起来，行与行之间是绝缘的。在图中，行导线在槽里垂直地穿过硅片；金属列导线水平地分布在硅片槽下的玻璃上，在单元区域内扩展形成电容器的极板。这样就形成了一个简单的 X-Y 电容阵列，它的灵敏度由极板尺寸和硅片厚度决定。

3. 力觉传感器

力觉传感器按其所在位置分为以下两种形式：

（1）腕力传感器。它是检测机器人终端环节与手爪之间力的传感器。这个力可以看作机器人施给物体的力。

（2）支座力传感器。这是一种用来测量机械手与支座间的作用力，从而推算出机械手施加在工件上力的传感器。

4. 滑觉传感器

机器人在抓取不知属性的物体时，其自身应能确定最佳握紧力的给定值。当握紧力过大时，被抓取物体可能变形或被破坏；当握紧力不够时，被抓取物体可能相对于机器人手爪产生滑动。

滑觉传感器就是用于检测物体接触面之间相对运动大小和方向的传感器：具有滑觉的机器人手爪，可以对被抓取物进行可靠的夹持。检测滑觉的方法有：

（1）将滑移转换成安装于机器人手爪内面上的滚柱和滚珠的旋转，从而进行检测。

（2）用压敏元件和触针，检测滑动时机器人手爪部分的微小振动。

（3）检测出即将发生滑动时，机器人手爪部分的变形和压力变化。

（4）通过手腕部分载荷检出器，检测出机器人手爪所加压力的变化，从而推断出滑动的大小。

图 10-11 所示是用滚球式滑觉传感器。滚球的表面是由导体和绝缘体配置成的网眼，由接点即可获取断续的脉冲信号。这种传感器能检测全方位的滑动。

图 10-12 所示是滚轴式滑觉传感器，检测端滚轴用弹簧片固定在手爪上。手爪在张开时，滚轴突出握持面约 1mm。手爪合拢握住对象时，簧片弯曲，滚轴后退至手爪握持面。这时如有滑动，将使滚轴旋转带动安装在滚轴中的光电传感器和缝隙圆板而产生脉冲信号。

10.1.4 接近觉传感器

接近觉传感器是机器人手爪在几毫米至几十毫米距离内检测对象物体状态的传感器。这种传感器的作用是：

（1）在接触对象物体前获得必要信息，以便准备后续动作，如机器人臂远离对象时，使之高速运动靠近；而在对象物体附近时，则以慢速靠近或离开。

（2）在发现前方障碍物时，限制行程，避免碰撞。

（3）获取对象物体表面各点的距离信息，从而测出对象物体的表面形状。

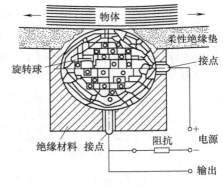

图 10-11　滚球式滑觉传感器

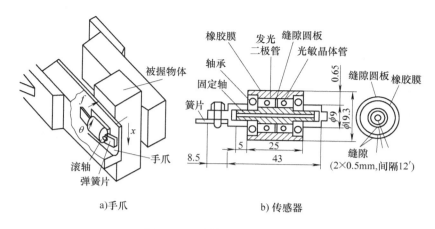

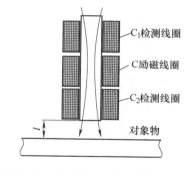

a)手爪　　　　　　　　　　b) 传感器

图 10-12　滚轴式滑觉传感器

　　显然，传感器越靠近对象物体，越能精确测量，故一般把接近觉传感器装在机器人手爪的前端。接近觉传感器有电磁感应式、光电式、电容式、气压式、超声波式和微波式等多种。实际工作中用哪种传感器，需要根据具体对象而定。

　　测量对象物体为金属面的接近觉传感器，一般采用电磁感应式传感器，如图 10-13 所示。它由铁心、励磁线圈 C 和接成差分电路的检测线圈 C_1 和 C_2 构成。当接近对象时，由于金属产生的电涡流而使磁通变化、使两个检测线圈因距离不等，造成差分电路失去平衡，输出随与对象物体的距离不同而变化。目前弧焊机器人用它跟踪焊接缝，在 200℃ 下工作，距离为 0 ~ 8mm，误差 <4% 。

　　有三种常用的光电式接近觉传感器，它们利用发射光经过对象物体反射的原理进行工作。图 10-14 是将发光元件和感光元件的光轴相交而构成的光电接近觉传感器。当被测物体处于光轴交点时，反射光量（亦即接收信号）出现峰值。一般用这一特性来确定物体的位置，为将光发射和接收部分置于机器人手爪的前端，通常使用光纤束传输光信号。

图 10-13　电磁感应式接近觉传感器

　　图 10-15 所示的接近觉传感器中，将 n 个发光元件沿横向直线排列（线阵），并使之按一定顺序发光，根据反射光量的变化及其时间，就可求出发射角，从而确定被测物体的距离。

　　超声法测距是将超声波以脉冲的形式向着对象表面发射，由接收信号的滞后时间就可计算出探头与反射面之间的距离。这种方法多用于移动型机器人的环境测定，特别是适用于长距离的测定。

10.1.5　其他机器人传感器

　　其他机器人传感器有听觉、嗅觉、味觉传感器等。

1. 听觉传感器

　　听觉是机器人的重要感觉之一。由于计算机技术及语音学的发展，现在已经实现通过语音处理及辨识技术可识别讲话人，还能正确理解一些简单的语句。然而，由于人类的语言是

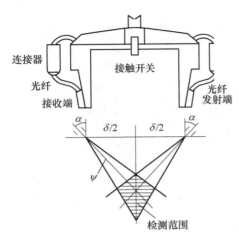

图 10-14　光纤接近觉传感器

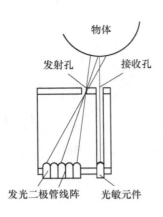

图 10-15　反射式接近觉传感器

非常复杂的，无论哪一个民族，其语言的词汇量都非常大，即使是同一个人，他的发音也随着环境及身体状况有所变化，因此，使机器人的听觉具有接近于人耳的功能还为时尚早。

识别语音的方法，是将事先指定人声音的每一个字音特征组成一个特征矩阵存储起来，形成一个标准模式。系统工作时，将接收到的语音信号用同样方法求出它们的特征矩阵，再与标准模式相比较，看它与哪个模式相同或相近，从而识别该语音信号的含义，这就是所谓的模式识别。

2. 嗅觉传感器

嗅觉传感器具有检测各种气体的化学成分、浓度等功能。在放射线、高温煤烟、可燃性气体以及其他有毒气体的恶劣环境下，开发检测这些气体的传感器是很重要的。这对于我们了解环境污染、预防火灾和毒气泄漏具有重大的意义，嗅觉传感器主要是采用气体传感器、射线传感器等。

3. 味觉传感器

味觉是指对液体进行化学成分的分析。常用的味觉方法有 pH 计、化学分析器等。一般味觉传感器可探测溶于水中的物质，嗅觉传感器探测气体状的物质，而且在一般情况下，在探测化学物质时嗅觉比味觉更敏感。

除了以上所介绍的机器人传感器外，还有纯工程学的传感器，例如检测磁场的磁传感器，检测各种异常的安全用传感器（如发热、噪声等）和电波传感器等。

总之，机器人传感器是机器人研究中必不可缺的课题。虽然，目前机器人在感觉能力和处理意外事件的能力上还非常有限。但可以预言，随着新材料、新技术的不断出现，新型实用的机器人将会获得更快的发展。

10.2　家用电器中的传感器

思考二：随着社会的进步及人民生活水平的不断提高，人们对家用电器产品的功能要求也越来越高。要满足社会的这种需求，都需要哪些传感器呢？

1. 了解传感器在洗衣机中的应用；
2. 了解传感器在电冰箱中的应用；
3. 了解传感器在电视遥控器中的应用；
4. 了解传感器在微波炉中应用。

10.2.1 洗衣机中的传感器

目前，洗衣机已实现了利用传感器和微处理器对洗涤过程进行检测和控制，除了用微处理器作程序控制外，洗衣机中还使用了水位传感器、布量传感器和光电传感器等，使洗衣机能够自动进水、控制洗涤时间、判断洗净度和控制脱水时间。此外，洗衣机还可以自动判断搅拌程度与洗涤、漂洗及脱水的进行情况，将洗涤过程控制到最佳状态。不但使洗衣机省水、省电、省洗涤剂，也给使用带来了极大的方便。图 10-16 所示为传感器在洗衣机中的应用，图中使用了水位传感器、布量传感器及光电传感器。

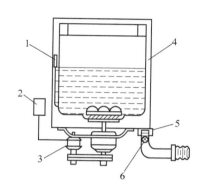

图 10-16 传感器在洗衣机中的应用
1—水位传感器 2—布量传感器 3—电动机
4—脱水缸 5—光电传感器 6—排水阀

1. 水位传感器

洗衣机中的水位传感器主要用来检测水位的等级。水位传感器是由三个发光元件和一个光敏元件组成的，检测原理是根据依次点亮二个发光元件后，光到达光敏元件而得到水位高低的数据。

2. 布量传感器

布量传感器是用来检测洗涤物的重量。它是根据电动机的负荷电流变化来检测洗涤物重量的。

3. 光电传感器

光电传感器由发光二极管和光敏二极管组成，安装在排水口上部：用光电传感器可以检测洗涤净度，判断排水、漂净度及脱水情况。它的检测原理是根据排水口上部的光透射率，判断洗净度时，光电传感器每隔一定时间，检测一次由于洗涤液的混浊引起光透射率变化的情况，待其变化为恒定时，则认为洗涤物已干净，洗涤过程完成；在排水过程中，排水口有洗涤泡沫，传感器根据泡沫引起透光的散射情况变化来判断排水过程待其变化为恒定时，排水过程完成；漂洗时，传感器可通过测定光的透射率来判断漂净度待其变化为恒定时，漂洗过程完成；脱水时，排水口有紊流空气，使光散射，这时光电传感器每隔一定时间检测一次光透射率的变化，待其变化为恒定时，脱水过程完成，再通过微处理器结束全部洗涤过程。

10.2.2 电冰箱中的传感器

电冰箱主要由制冷系统和控制系统两大部分构成，其中控制系统是用来保证电冰箱在各种使用条件下，能够安全可靠地运行。控制系统主要包括：温度自动控制、除霜温度控制、流量自动控制、过热及过电流保护等。在控制系统中，传感器起着非常重要的作用。

图 10-17 所示为常见的电冰箱电路原理图，它主要由温度控制器、温度显示器、PTC 起动器、除霜温控器、电动机保护装置、开关、风扇及压缩电机等组成。

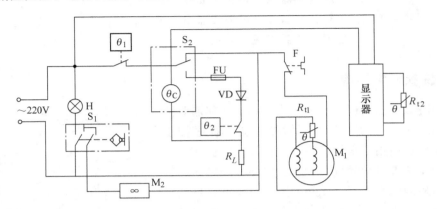

图 10-17　常见的电冰箱电路原理图

θ_1—温控器　θ_2—除霜温控器　R_L—除霜热丝　S_1—门开关

S_2—除霜定时开关　F—热保护器　R_{t1}—PTC 起动器　R_{t2}—测温热敏电阻

电冰箱运行时，由温度传感器组成的温度控制器按预先设定的冰箱温度自动接通或断开电路，控制制冷压缩机的起动与停止。

当给冰箱加热除霜时，由温度传感器组成的除霜温度控制器会在除霜加热器达到一定温度时，自动断开加热器的电源，停止除霜加热。

PTC 起动器是一个带有正温度系数热敏电阻的电机保护装置，利用 PTC 的温度特性，用电流控制的方式来实现压缩机的起动，当压缩机负荷过重、发生某些故障或是电压过低（过高）而不能正常起动时，都可能引起电动机电流的增大而烧坏电动机，此时 PTC 起动器将利用热敏元件的温度特性及时切断电源，保护电动机。

10.2.3　电视遥控器中的传感器

遥控功能是彩色电视机的附加功能，它是红外技术、声音合成及识别技术不断发展的结果。目前生产的彩色电视机绝大多数使用红外技术组成遥控电路，遥控电路通常由遥控发射、遥控接收、微处理器及节目存储器等组成。

如图 10-18 所示遥控发射和遥控接收是采用一对红外光电管来完成的，不仅使调制和检波更为简单，也使遥控部件实现小型化。遥控器实现了较远距离对彩色电视机的频道预选、自动调谐、音量调节、对比度调节、亮度调节、色饱和度调节、关机及定时等控制功能的操作。

除了红外遥控方式外，在部分彩色电视机上还采用了声控方式，这种遥控方式是采用声音识别技术，通过讲话来控制彩色电视机各项功能。

10.2.4　微波炉中的传感器

微波是一种电磁波，不过它的波长比短波更短，属于超短波。微波一遇到铜、铝、不锈钢之类的金属就发生反射，所以导体根本无法吸取它的能量；微波能自由地透过玻璃、陶

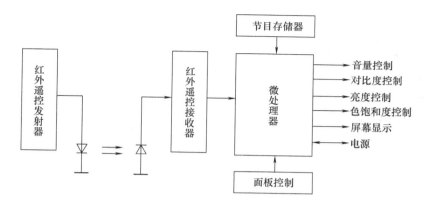

图 10-18　彩色电视机红外遥控电路原理图

瓷、塑料等绝缘材料而不会消耗能量；但含有水分的淀粉、蔬菜、肉类，以及脂肪类物质，微波不但不能透过，其能量反而会被吸收掉。

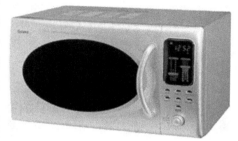

微波炉正是利用微波的这些特性制作的。微波炉的外壳用不锈钢等金属材料制成，其外形如图 10-19 所示，可以阻挡微波从炉内逃出，以免影响人们的身体健康；装食物的容器则用绝缘材料制成；微波炉的心脏是磁控管，这个叫磁控管的电子管是个微波发生器，它能产生每秒钟振动频率为 24.5 亿次的微波。

家用微波炉利用的波段多数是 2450MHz 的超短波，也就是说食物中的水分子在 1s 内要变化极性百万次，正是在这样的情况下，水分子之间相互摩擦与碰撞，产生了大量的热，而这些热又被食物分子吸收，食物也就"振熟"了。

图 10-19　微波炉

微波炉中常用传感器有温度传感器、蒸汽传感器、湿度传感器、重量传感器、红外线传感器等。

1. 温度传感器

微波炉中温度传感器主要用于微波场测温，常用的温度传感器有常规热电偶、热电阻、热敏电阻、光纤温度传感器、红外测温仪和超声测温仪等。

（1）常规热电偶、热电阻。常规热电偶和热电阻具有准确、稳定、可靠及价廉等优点。但由于它们本身及其传输导线是金属材料，可产生感应电流，如何消除或减少干扰是使用常规热电偶、热电阻测温的关键。图 10-20a 图为热电偶温度传感器。

（2）热敏电阻。这种传感器是采用半导体热敏电阻作测温探头，用非金属的高阻导线作信号传输线，热敏电阻器—高阻导线—金属传输线间的连接采用导电胶粘接，再配以简单的测量电路构成，其外形如图 10-20b 所示。

（3）光纤温度传感器。光纤测温是近年来发展起来的一门新兴测温技术，与传统温度传感器相比，光纤温度传感器有一些独特的优点，如抗电磁干扰、耐高压、耐腐蚀、防爆、防燃、体积小、重量轻等，为微波场的测温问题提供了一条有效途径。目前，国内外以传光

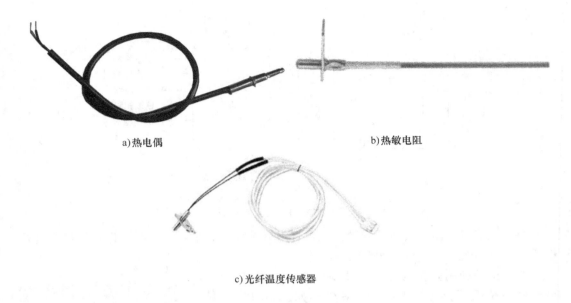

a)热电偶

b)热敏电阻

c)光纤温度传感器

图 10-20 微波炉中的温度传感器

型光纤温度传感器应用较广，其外形如图 10-20c 所示。

（4）红外测温仪和超声测温仪。红外测温仪是一种非接触测量仪器，用于对不同温度物体的表面温度测量。它根据被测物的红外辐射强度确定其温度。由于其非接触性，所以常用于微波场温度测量。还有用超声测温仪进行微波场测温，由于造价昂贵，有待进一步开发研究。

2. 湿度传感器

用于控制微波炉中的湿度，以便利用磁控管的振荡烘烤食品。

3. 红外线传感器

解冻食品时要使用红外传感器测温。通过检测要解冻食品的表面温度来确定初始值；根据确定的初始值来确定解冻结束值；初始值和结束值之间的差距被分成至少两个部分，磁控管的功率根据各个部分的差值而变化，而各部分中磁控管的功率从更接近于初始值的值向接近于结束值的值是相应减小的。

4. 其他传感器

为了防止微波的泄漏，微波炉的开关系统由多重安全联锁微动开关装置组成。联锁微动开关是微波炉的一组重要安全装置。它有多重联锁作用，均通过炉门的开门按键或炉门把手上的开门按键加以控制。当炉门未关闭好或炉门打开时，断开电路，使微波炉停止工作。

微波炉一般有两种定时方式，即机械式定时和计算机定时。基本功能是选择设定工作时间，设定时间过后，定时器自动切断微波炉主电路。

热断路器是用来监控磁控管或炉腔工作温度的组件。当工作温度超过某一限值时，热断路器会立即切断电源，使微波炉停止工作。

温馨提示

使用微波炉时，应注意不要空"烧"，因为空"烧"时，微波的能量无法被吸收，容易损坏磁控管。

另外，人体组织是含有大量水分的，一定要在磁控管停止工作后，再打开炉门，提取食物。

10.3　汽车中的传感器

**思考三：** 目前，一辆普通家用轿车上大约安装几十到近百只传感器，而豪华轿车上的传感器数量更多达二百余只。传感器在汽车上主要用于哪些方面呢？

了解汽车中的各类传感器。

由于汽车中的传感器工作在高温（发动机表面温度可达 150℃、排气管可达 650℃）、振动、潮湿、烟雾、腐蚀和油泥污染的恶劣环境中，因此汽车中的传感器耐恶劣环境的技术指标要比一般工业用传感器高 1～2 个数量级，在汽车中主要用到了以下几类传感器。

1. 温度传感器

温度传感器主要用于检测发动机温度、吸入气体温度、冷却水温度、燃油温度以及催化温度等，如图 10-21 所示即为汽车中使用的一种温度传感器外形。温度传感器有线绕电阻式、热敏电阻式和热偶电阻式三种主要类型。三种类型传感器各有特点，其应用场合也略有区别。线绕电阻式温度传感器的精度高，但响应特性差；热敏电阻式温度传感器灵敏度高，响应特性较好，但线性差，适应温度较低的环境；热偶电

图 10-21　汽车用温度传感器的外形

阻式温度传感器的精度高，测量温度范围宽，但需要配合放大器和冷端处理电路一起使用。

2. 压力传感器

压力传感器主要用于检测气缸负压、大气压、涡轮发动机的升压比、气缸内压、油压等，压力传感器外形如图 10-22 所示。汽车中的压力传感器应用较多的有电容式、压阻式、差动变压器式（LVDT）、表面弹性波式（SAW）压力传感器。

电容式压力传感器主要用于检测负压、液压、气压，测量范围 20～100kPa，具有输入能量高、动态响应特性好、环境适应性好等特点；压阻式压力传感器受温度影响较大，需要另设温度补偿电路，但适应于大量生产；LVDT 式压力传感器有较大的输出，易于数字输出，但抗干扰性差；SAW 式压力传感器具有体积小、质量轻、功耗低、可靠性高、灵敏度高、分辨率高、数字输出等特点，用于汽车吸气阀压力检测，能在高温下稳定工作，是一种

较为理想的传感器。

3. 流量传感器

流量传感器主要用于发动机空气流量和燃料流量的测量，流量传感器外形如图 10-23 所示。空气流量的测量用于发动机控制系统确定燃烧条件、控制空燃比、起动、点火等。空气流量传感器有旋转翼片式（叶片式）、卡门涡旋式、热线式、热膜式等四种类型。旋转翼片式（叶片式）空气流量计结构简单，但测量精度较低，测得的空气流量需要进行温度补偿；卡门涡旋式空气流量计无可动部件，反映灵敏，精度较高，但也需要进行温度补偿；热线式空气流量计测量精度高，无需温度补偿，但易受气体脉动的影响，易断丝；热膜式空气流量计和热线式空气流量计测量原理一样，但其体积小，适合大批量生产，成本较低。

图 10-22　汽车用压力传感器的外形　　　　图 10-23　汽车用流量传感器的外形

燃料流量传感器用于检测燃料流量，主要有水轮式和循环球式。

4. 位置和转速传感器与车速传感器

位置和转速传感器主要用于检测曲轴转角、发动机转速、节气门的开度、车速等。目前汽车使用的位置和转速传感器主要有交流发电机式、磁阻式、霍尔效应式、簧片开关式、光学式、半导体磁性晶体管式等。

车速传感器种类繁多，有敏感车轮旋转的、也有敏感动力传动轴转动的，还有敏感差速从动轴转动的。当车速高于 100km/h 时，一般测量方法误差较大，需采用非接触式光电速度传感器。

5. 气体浓度传感器

气体浓度传感器主要用于检测车内气体和废气排放，其外形如图 10-24 所示。其中，最主要的是氧传感器，实用化的有氧化锆传感器（使用温度 $-40 \sim 900℃$，精度 1%）、氧化锆浓差电池型气体传感器（使用温度 $300 \sim 800℃$）、固体电解质式氧化锆气体传感器（使用温度 $0 \sim 400℃$，精度 0.5%），另外还有二氧化钛氧传感器。和氧化锆传感器相比，二氧化钛氧传感器具有结构简单、轻巧、便宜，抗铅污染能力强的特点。

6. 爆震传感器

爆震传感器用于检测发动机的振动，通过调整点火提前角控制和避免发动机发生爆震，爆震传感器外形如图 10-25 所示。可以通过检测气缸压力、发动机机体振动和燃烧噪声等三种方法来检测爆震。爆震传感器有磁致伸缩式和压电式。磁致伸缩式爆震传感器的使用温度为 $-40 \sim 125℃$，频率范围为 $5 \sim 10kHz$；压电式爆震传感器在中心频率 5.417kHz 处，其灵敏度可达 200mV/g，在振幅为 $0.1 \sim 10g$ 范围内具有良好线性度。

图 10-24　汽车用气体浓度传感器的外形

图 10-25　汽车用爆震传感器的外形

10.4　气动自动化系统中的传感器

**思考四**：经常看到流水线上的自动操作，都是使用什么传感器进行控制的呢？

1. 了解电感、电容、光电式接近开关；
2. 了解霍尔式接近开关；
3. 了解超声波接近开关。

在气动自动化系统中，传感器主要用于测量设备运行中工具或工件的位置等物理参数，并将这些参数转换为相应的信号，以一定的接口形式输入控制器。气动自动化系统中常用各类接近开关。

接近开关与机械开关相比，具有如下优点：非接触测量，不影响被测物体的运行现况；不产生机械磨损和疲劳损失，工作寿命长；响应快；防尘、防潮性能较好，可靠性高；无触点、无火花、无噪声，可用于要求防爆的场合。

1. 电感式接近开关

如图 10-26 所示，在电感线圈中输入交流电流，产生一高频交变电磁场，当外界的金属导体接近这一磁场时，在金属表面产生涡流，涡流会形成新的磁场反过来作用于电感线圈，引起线圈电感的变化，再经信号处理触发开关驱动控制器件，从而达到非接触检测。

电感式接近开关仅限于检测金属导体。

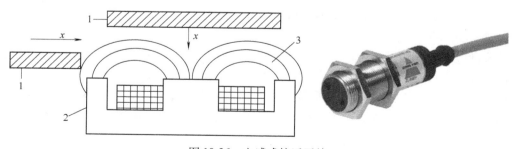

图 10-26　电感式接近开关
1—导电运动物体　2—电感线圈　3—磁力线

169

2. 电容式接近开关

电容式接近开关的感应面由两个同轴金属电极构成，很像"打开的"电容器的电极，其外形如图 10-27。当测试目标接近传感器表面时，它就进入由这两个电极构成的电场，引起电容器电容量的增加，经信号处理后形成开关信号。

图 10-27　电容式接近开关的外形

当导体靠近电容接近开关时，面对传感器的感应面形成一个反电极，分别和传感器的两个极板构成串联电容，如图 10-28a 所示，使传感器电容量增大。如果是非导体靠近，相当于在电容式传感器两极板之间插入某种介质，如图 10-28b 所示，使其电容量增加。

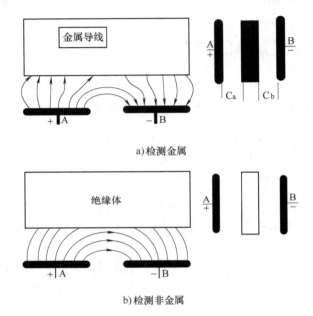

a) 检测金属

b) 检测非金属

图 10-28　电容式接近开关检测原理图

3. 红外光电开关

红外光电开关是用来检测物体的靠近、通过等状态的光电传感器。近年来，随着生产自动化、机电一体化的发展，光电开关已发展成系列产品，用户可根据生产需要，选用适当规格的产品，而不必自行设计光路及电路。

由于光电开关在第五章有详细的介绍，本节不再赘述。

4. 霍尔式接近开关

随着微电子技术的发展，目前霍尔器件有体积小、灵敏度高、输出幅度大、温漂小及对电源稳定性要求低等优点，得到了广泛的使用。霍尔式接近开关外形如图 10-29 所示。

在图 10-30a 中，磁极的轴线与霍尔元件的轴线在同一直线上，当磁铁随运动部件移到距霍尔几毫米时，霍尔元件的输出由高电平变成低电平，经驱动电路使继电器吸合或释放，运动部件停止移动。

在图 10-30b 中，磁铁随运动部件沿 x 方向移到，霍尔元件从两块磁铁间隙中滑过。当磁铁与霍尔元件的间距小于某一数据时，霍尔元件输出由高电平变成低电平。与 10-30a 不

图 10-29　霍尔式接近开关的外形

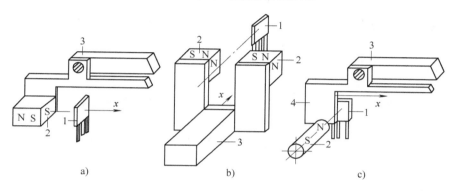

图 10-30　霍尔式接近开关工作原理示意图
1—霍尔元件　2—磁铁　3—运动部件　4—软铁分流翼片

同的是，若运动部件继续向前移动滑过了头，霍尔元件的输出又将恢复高电平。

在图 10-30c 中，软铁制作的分流翼片与运动部件联动，当它移动到磁铁与霍尔元件之间时，磁力线被分流，遮挡了磁场对霍尔元件的激励，霍尔元件输出高电平。

5. 超声波接近开关

由发射器发射出来的超声波脉冲作用到一个声反射的物体上，经过一段时间，被反射回来的声波又重新回到反射器上，经过电路处理，产生一开关信号，其工作原理如图 10-31 所示。

图 10-32 为超声波接近开关外形。

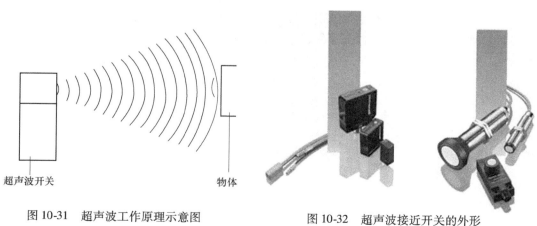

图 10-31　超声波工作原理示意图　　　　图 10-32　超声波接近开关的外形

本 章 小 结

机器人中常用的传感器是视觉传感器、触觉传感器以及接近觉传感器等。

全自动洗衣机使用水位传感器、布量传感器和光电传感器等，使洗衣机能够实现自动进水、控制洗涤时间、判断洗净度和控制脱水时间等功能。

电冰箱主要由制冷系统和控制系统两大部分组成。在控制系统中，传感器起着非常重要的作用。

电视机遥控系统中通常使用红外传感器。

微波炉中常用传感器有温度传感器、蒸气传感器、湿度传感器、重量传感器、红外线传感器等。

汽车传感器在汽车上主要用于发动机控制系统、底盘控制系统、车身控制系统和导航系统中。

气动自动化系统中常用电感、电容、光电、霍尔、超声波等非接触式的接近开关。

复习与思考

1. 填空题

（1）光电开关是用来检测物体的_____、_____等状态的光电传感器。

（2）电感式接近开关仅限于检测_____。

（3）如果是非导体靠近电容接近开关，相当于在电容传感器_____之间插入某种_____。

（4）常用微波炉温度传感器有_____、_____、_____、_____和_____传感器。

2. 问答题

（1）机器人中常用传感器有哪些？

（2）汽车中所使用的温度传感器有几种主要类型？各自特点如何？

（3）机器人中使用的光电式、电容式和超声波等传感器属于哪种感觉传感器？开发检测放射线、可燃气体及有毒气体的传感器又属于哪一种感觉传感器呢？

（4）你对生活中的传感器还了解多少？你能举例说明一下吗？

第 11 章　传感器实验项目

11.1　应变式传感器测力实验

1. 实验目的

（1）了解应变片单臂电桥工作原理和特性；

（2）比较半桥与单臂电桥性能的不同，了解其特点；

（3）了解全桥测量电路。

2. 基本原理

电阻应变片 R_1 在外力作用下发生机械变形时，其电阻值发生变化，将其接入直流电桥中，单臂电桥输出电压 $U_{o1} = EK\varepsilon/4$；将不同受力方向的两片应变片 R_1、R_2 接入电桥作为邻边组成半桥，当两应变片电阻值和应变量相同时，其桥路输出电压 $U_{o2} = EK\varepsilon/2$；将受力性质相同的两应变片 R_1、R_3 接入电桥对边，不同的 R_2、R_4 接入邻边组成全桥，其桥路输出电压 $U_{o3} = KE\varepsilon$。

其实验原理框图如图 11-1 所示。

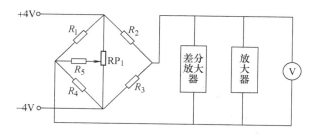

图 11-1　应变式传感器实验原理框图

3. 实验器件

应变式传感器，4 个；应变传感器实验模板，1 块；砝码（20g），10 个；数显表，1 块；万用表，1 块；±15V 电源，±4V 电源。

4. 实验步骤

（1）按图 11-2a 所示的安装示意图将应变式传感器装在应变传感器实验模板上。

（2）接入模板电源 ±15V，检查无误后，将实验模板调节增益电位器 RP_1 顺时针调节到中间位置，再进行差动放大器调零：将差放的正、负输入端与地短接，输出端与主控箱面板上数显表电压输入端 V_i 相连，打开主控箱电源，调节实验模板上调零电位器 RP_4，使数显表显示为零（数显表的切换开关打到 2V 档）。关闭主控箱电源。

（3）将应变式传感器的其中一个应变片 R_1（即模板左上方的 R_1）接入电桥作为一个桥

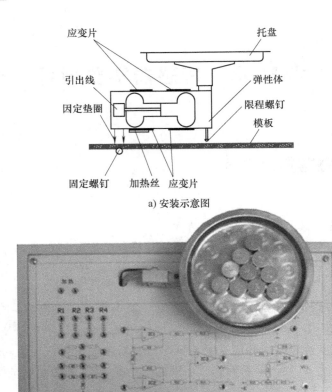

应变片　　　　　　　　　　　　托盘
引出线　　　　　　　　　　　　弹性体
固定垫圈　　　　　　　　　　　限程螺钉
　　　　　　　　　　　　　　　模板

固定螺钉　　加热丝　应变片

a) 安装示意图

b) 实物图

图 11-2　应变式传感器测力实验安装示意图

臂与 R_5、R_6、R_7 接成直流电桥（R_5、R_6、R_7 在模板内已连接好），接好电桥调零电位器 RP_1，接入桥路电源 ±4V（从主控箱引入）如图 11-3 所示。检查接线无误后，打开主控箱电源，调节 RP_1，使数显表显示为零。

（4）在电子秤上放置一只砝码，读取数显表数值，依次增加砝码并读取相应的数显表值，直到 200g 砝码加完。将实验结果填入表 11-1，关闭电源，取下砝码。

（5）将电桥按图 11-4 所示重新接线。R_1、R_2 为实验模板左上方的应变片，注意 R_2 应和 R_1 受力状态相反，即将传感器中两片受力相反（一片受拉力、一片受压力）的电阻应变片作为电桥的相邻边。接入桥路电源 ±4V，调节电桥调零电位器 RW1 进行桥路调零。依次放入砝码，将数据填入表 11-1，关闭电源。

（6）将电桥按图 11-5 所示重新接线，接入桥路电源 ±4V，调节电桥调零电位器 RP_1 进行桥路调零。依次放入砝码，将数据填入表 11-1，关闭电源。

（7）根据测得数据作出位移—电压输入输出特性曲线，计算系统灵敏度。

5. 系统灵敏度计算

系统灵敏度 S，$S = \dfrac{\text{输出量变化}}{\text{输入量变化}}$，以表 11-1 为例，输入质量从 0g 变化到 200g，假设输出

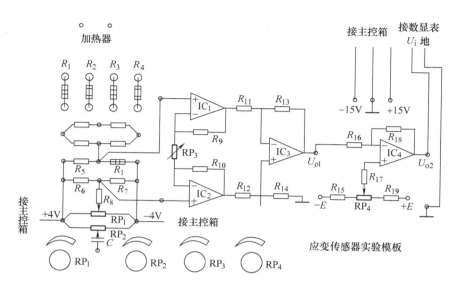

图 11-3 应变式传感器单臂电桥实验线路图

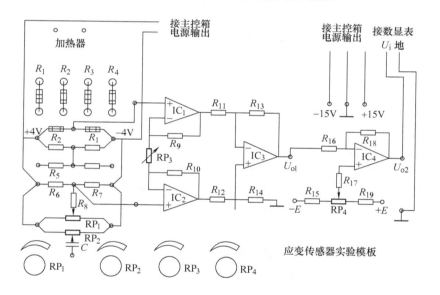

图 11-4 应变式传感器半桥实验线路图

电压从 0mV 变化到 130mV，则 $S = \dfrac{(130-0)}{(200-0)} \dfrac{\text{mV}}{\text{g}} = 0.65\text{mV/g}$。

表 11-1 应变式传感器测力实验数据记录表

质量/g	0	20	40	60	80	100	120	140	160	180	200
单臂输出电压/mV											
半桥输出电压/ mV											
全桥输出电压/ mV											

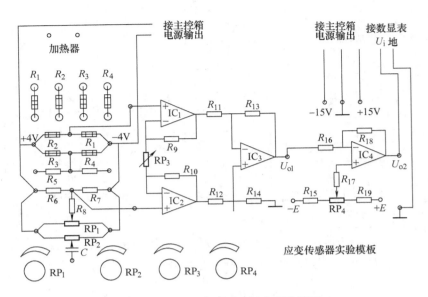

图 11-5　应变式传感器全桥实验线路图

11.2　差动变压器位移测量实验

1. 实验目的

了解差动变压器的工作原理和特性。

2. 基本原理

差动变压器由一次线圈和两只二次线圈及一个铁心构成，当传感器随着被测物体移动时，由于一次线圈和二次线圈之间的互感发生变化促使二次线圈感应电动势产生变化，一只二次线圈感应电动势增加，另一只二次线圈感应电动势则减少，将两只二次线圈串联反接（同名端连接），差动输出。其输出电动势就反映出被测体的移动量。

3. 实验器件

差动变压器，1 个；差动变压器实验模板，1 块；测微头，1 个；双线示波器，1 台；万用表，1 块；音频信号源（音频振荡器），直流电源。

4. 实验步骤

（1）根据图 11-6a 所示的安装示意图，将差动变压器装在差动变压器实验模板上，实物安装效果如图 11-6b 所示。

（2）按图 11-7 接线，音频振荡器信号必须从主控箱中的 Lv 端子输出，调节音频振荡器的频率，使其输出频率为 4～5kHz（可用主控箱的数显表的频率档 Fin 输入来监测）。调节幅度使输出幅度为峰-峰值 $U_{p-p}=2V$（可用示波器监测：X 轴为 0.25ms/div、Y 轴 CH1 为 1V/div、CH2 为 20mV/div）。

图中 1～6 为模块中的实验插孔。1、2 为原边线圈结点，接双踪示波器第一通道，3、5 为二次线圈中的一组结点，4、6 为另一组结点，3、4 接双踪示波器第二通道，5、6 为同名端，短接时为串联反接，模板内部已经连接上，不需要外接线。

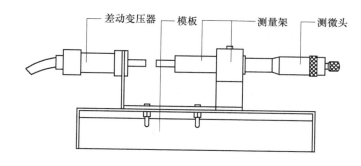

a) 安装示意图

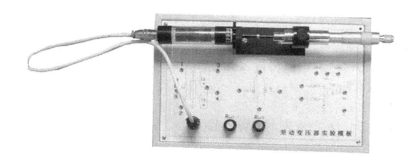

b) 实物图

图 11-6　差动变压器

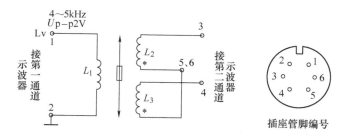

图 11-7　差动变压器实验电路图

（3）旋动测微头，使示波器第二通道显示的波形峰 – 峰值 U_{p-p} 为最小。这时可以左右位移，假设其中一个方向为正位移，则另一方向为负位移。从 U_{p-p} 最小开始旋动测微头，每隔 0.5mm 从示波器上读出输出电压 U_{p-p} 值填入表 11-2。再从 U_{p-p} 最小处反向位移做实验，注意左、右位移时，一、二次波形的相位关系。

表 11-2　差动变压器位移 ΔX 值与输出电压 U_{p-p} 数据记录表

X/mm	-2.5	-2.0	-1.5	-1.0	-0.5	0	0.5	1.0	1.5	2.0	2.5
U_{p-p}/mV											

（4）实验过程中注意差动变压输出的最小值即为差动变压器的零点残余电压大小。

（5）根据测得数据作出位移—电压输入输出特性曲线，计算系统灵敏度。

11.3 电涡流式传感器位移测量实验

1. 实验目的

了解电涡流式传感器测量位移的工作原理和特性。

2. 基本原理

通以高频电流的线圈产生磁场,当有导体接近时,因导体涡流效应产生涡流损耗,而涡流损耗与导体的线圈距离有关,因此可以进行位移测量。测量原理框图如图11-8所示。

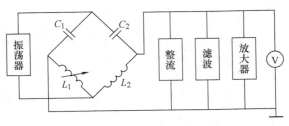

图 11-8 电涡流式传感器位移测量原理框图

3. 实验器件

电涡流式传感器,1个;电涡流传感器实验模板,1块;测微头,1个;铁圆片,1个;数显表,1块;直流电源。

4. 实验步骤

(1)根据图11-9a所示的安装示意图将电涡流式传感器装在电涡流传感器实验模板上。实物安装效果如图11-9b所示。

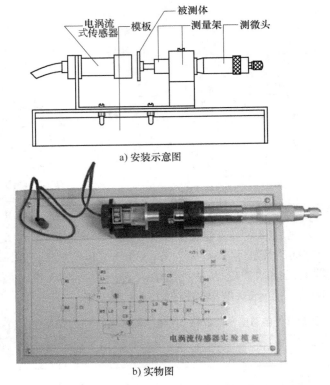

a) 安装示意图

b) 实物图

图 11-9 电涡流式传感器

（2）按图 11-10 所示将电涡流式传感器输出线接入实验模板上标有 L 的两端插孔中，作为振荡器的一个元件（传感器屏蔽层接地）。

（3）在测微头端部装上铁质金属圆片，作为电涡流式传感器的被测物体。

（4）将实验模板输出端 U_o 与数显单元输入端 U_i 相接，数显表量程切换开关选择电压 20V 档。

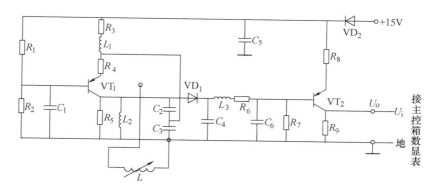

图 11-10　电涡流式传感器位移测量实验线路图

（5）使测微头与传感器线圈端部接触，开启主控箱电源开关，记下数显表读数，然后每隔 0.2mm 记录一次读数，直到输出几乎不变为止。将结果填入表 11-3。

（6）作出位移—电压输入输出特性曲线，计算系统灵敏度。

表 11-3　电涡流式传感器位移 X 与输出电压 u 数据记录表

X/mm										
U/V										

11.4　电容式传感器位移测量实验

1. 实验目的

了解电容式传感器结构和特性。

2. 基本原理

根据平板电容公式 $C = \varepsilon A/d$，一般采用变面积式差动电容传感器测量位移，旋动测微头推进电容式传感器动极板位置，从而改变传感器的电容值 C，测出 C 的变化即可知被测位移的大小。其原理框图如图 11-11 所示。

3. 实验器件

电容式传感器，1 个；电容传感器实验模板，1 块；测微头，1 个；相敏检波、滤波模板，各 1 块；数显表，1 块；直流稳压源。

4. 实验步骤

（1）按图 11-12a 所示的安装示意图将电容式传感器安装在电容传感器实验模板上。

（2）按图 11-13 将电容传感器实验模板的输出端 U_{o1} 与数显表单元 U_i 相接，数显表量程切换开关选择电压 20V 档。RP 调节到中间位置。

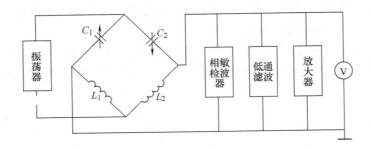

图 11-11　电容式传感器位移测量原理框图

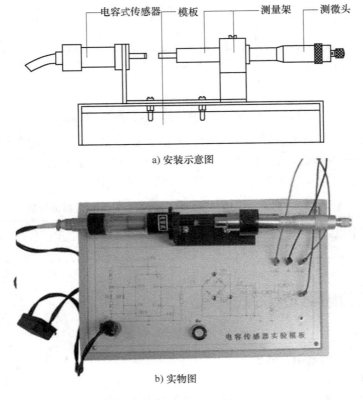

a) 安装示意图

b) 实物图

图 11-12　电容式传感器位移测量实验

（3）接入 ±15V 电源，旋动测微头推进电容式传感器动极板到合适位置，使数显表输出为零。

（4）每间隔 0.5mm 记录输出电压值，填入表 11-4，测量完成后关闭电源。

表 11-4　电容式传感器位移 X 与输出电压 u 数据记录表

X/mm	0	0.5	1.0	1.5	2.0	2.5	3.0	3.5	4.0	4.5	5.0
U/mV											

（5）根据测得数据作出位移—电压输入输出特性曲线，计算系统灵敏度。

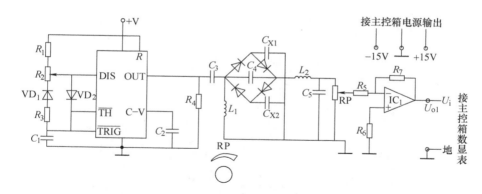

图 11-13　电容传感器位移测量实验线路图

11.5　光电式转速传感器转速测量实验

1. 实验目的

了解光电式转速传感器测量转速的原理及方法。

2. 基本原理

光电式转速传感器有反射型和直射型两种，本实验中的装置用的是反射型光电式转速传感器。传感器中有发光管和光电管，发光管发出的光源在转盘上反射后由光电管接收转换成电信号，由于转盘有黑白相间的 12 个间隔，转动时将获得与转速及黑白间隔数有关的电脉冲，将电脉计数处理即可得到转速值。

$$n = \frac{60f}{p} \tag{11-1}$$

式中　f——测得频率数；

　　　p——每转一圈的脉冲数，这里，$p = 12$。

3. 实验器件

光电式转速传感器，1 个；数显转速/频率表，1 块；+5V 直流电源、转动电源单元及转速调节 2～24V。

4. 实验步骤

（1）光电式转速传感器的安装如图 11-14 所示，调节高度，使传感器端面离平台表面 2～3mm，将传感器引线分别插入相应插孔，其中棕色接入直流电源 +5V，黑色为接地端，蓝色输入主控箱 Fin。转速/频率表置于"转速"档。

（2）将转速调节 2－24V 接到转动电源 24V 插孔上。

（3）合上主控箱电源开关，使电动机转动并从转速/频率表上观察电动机转速。如显示转速不稳定，可调节传感器的安装高度。

（4）读出转速，再将转速/频率表置于"频率"档，读出测得的频率数，填入表 11-5。

（5）调节转动电源改变转盘转速，重复步骤（4），至少测出三种不同的转速。

（6）根据测得数据，计算测量相对误差。

$$A = \frac{n_1 - n_2}{n_2} \times 100\% \tag{11-2}$$

图 11-14　光电传感器测转速

式中　A——相对误差；

　　　n_1——通过测量频率计算出来的转速；

　　　n_2——转速表直接读出的转速。

表 11-5　光电式传感器频率 f 与转速 n 数据记录表

2～24V 转动电源位置	1	2	3	4
测得频率 f				
计算出转速 n_1				
测量的转速 n_2				
相对误差 A				

11.6　光纤式传感器位移测量实验

1. 实验目的
了解光纤式传感器位移测量的工作原理和特性。

2. 基本原理
本实验采用的是导光型多模光纤，它由两束光纤组成 Y 形光纤，探头为半圆分布，一束光纤端部与光源相接发射光束，另一束端部与光电转换器相接接收光束。

两光束混合后的端部是工作端即探头，它与被测体相距 X，由光源发出的光通过光纤传到反射面后再经被测物体反射回来，由另一束光纤接收反射光信号再由光电转换器转换成电压量，而光电转换器转换的电压量大小与间距 X 有关，因此可用于位移测量。测量实验线路如图 11-15 所示。

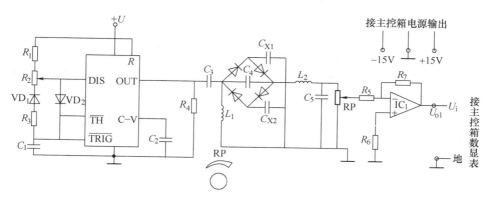

图 11-15　光纤式传感器位移测量实验线路图

3. 实验器件

光纤式传感器，1 个；光纤传感器实验模板，1 块；数显表，1 块；测微头，1 个；反射面，1 个；直流源 ±15V。

4. 实验步骤

（1）根据图 11-16a 安装光纤式传感器，二束光纤插入实验板上光电变换座孔上。其内部已和发光管 D 及光电转换管 T 相接。

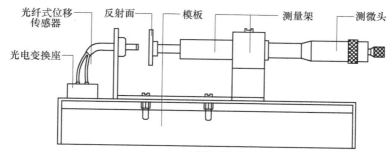

a) 安装示意图

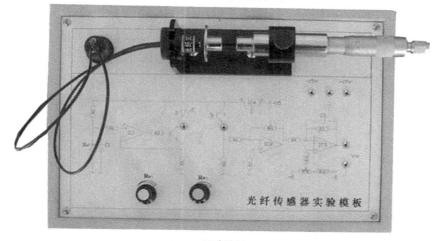

b) 实物图

图 11-16　光纤式传感器

（2）将光纤实验模板输出端 U_{o1} 与数显单元相连，如图 11-15 所示。

（3）调节测微头，使探头与反射平板轻微接触。

（4）将实验模板接入 ±15V 电源，打开主控箱电源，调节 R_w 使数显表显示为零。

（5）旋转测微头，被测体离开探头，每隔 0.1mm 读出数显表值，将其填入表 11-6。

（6）根据测得数据，计算系统灵敏度。

表 11-6　光纤式位移传感器位移 X 与输出电压 U 数据记录表

X/mm	0	0.1	0.2	0.3	0.4	0.5	0.6	0.7	0.8	0.9	1.0
U/V											

11.7　热电偶温度测量实验

1. 实验目的

了解热电偶测量温度的特性与应用范围。

2. 基本原理

当两种不同的金属组成回路，如果两个接点有温度差，就会产生热电动势，温度高的接点称为工作端，将其置于被测温度场，通过相应测量电路就可间接测得被测温度值。测温原理框图和电路图如图 11-17 所示，图 11-18 所示为安装实物图。

a) 原程框图

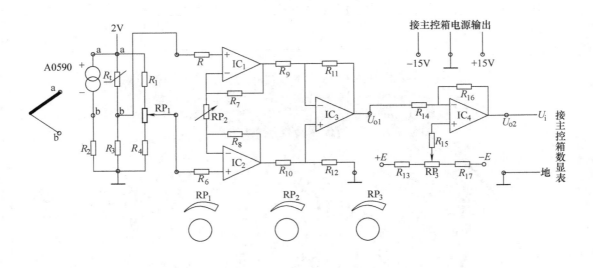

b) 实验线路图

图 11-17　热电偶测温原理

3. 实验器件

热电偶 K 型，1 个；热电偶 E 型，1 个；数显表，1 块；加热源；温度控制仪。

4. 实验步骤

（1）将热电偶插到温度源插孔中，K 型的自由端接到面板 E. K 端（红正、黑负）作标准传感器，用于设定温度。

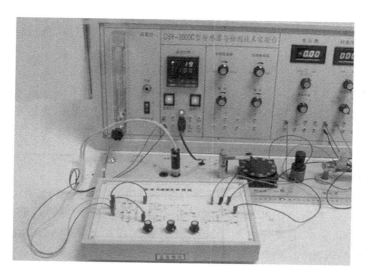

图 11-18　E. K 型热电偶测温特性实物图

（2）将 R_5、R_6 端接地，打开主控箱电源开关，将 U_{o2} 与数显表单元上的 U_i 相接。调 R_{w3} 使数显表显示零位，主控箱上电压表波段开关拨到 200mV，打开面板上温控开关，设定仪表控制温度值 $t = 50℃$，温度控制方式为"内触发"。

（3）去掉 R_5、R_6 接地线，将 E 型热电偶自由端（绿正、黄负）接入模板中左侧标有热电偶符号的 a、b 孔上（a 正 b 负），再将 a、b 端与放大器 R_5、R_6 相接，打开温控开关。热电偶自由端连线中带红色套管或者红色斜线的一条为正端。

（4）观察温控仪指示的温度值，当温度控制在 30℃（或者 35℃时），读输出电压及温度值，记入表 11-7 中。

（5）每隔 5℃读出数显表输出电压与温度值，并填入表 11-7。

（6）根据测得的数据作出温度—电压特性曲线。

表 11-7　热电偶测温度和输出电压数据记录表

$t/℃$									
U/mV									

11.8　压电式传感器振动测量实验

1. 实验目的

了解压电式传感器测量振动的原理和方法。

2. 基本原理

压电式传感器由惯性质量块和受压的压电陶瓷片等构成，测量时传感器感受与试件相同频率的振动，质量块便有正比于加速度的交变力作用在压电陶瓷片上，由于压电效应，压电陶瓷片上产生正比于运动加速度的表面电荷。

图 11-19 所示是压电式传感器测振的原理框图。

图 11-19　压电式传感器测振原理框图

3. 实验器件

振动台，1 台；压电式传感器，1 个；检波、低通滤波器模板，1 块；压电式传感器实验模板，1 块，双踪示波器，1 台。

4. 实验步骤

（1）将压电式传感器装在振动台面上。

（2）将低频振荡器信号接入到台面三源板振动源的低频输入源插孔。

（3）将压电式传感器输出两端插入到压电式传感器实验模板的两个输入端，如图 11-20 所示，屏蔽线接地。将压电式传感器实验模板电路输出端 U_{o1} 接入放大器 IC_2，将放大器输出 U_{o2} 接入低通滤波器输入端 U_i，低通滤波器输出 U_o 与示波器相连。

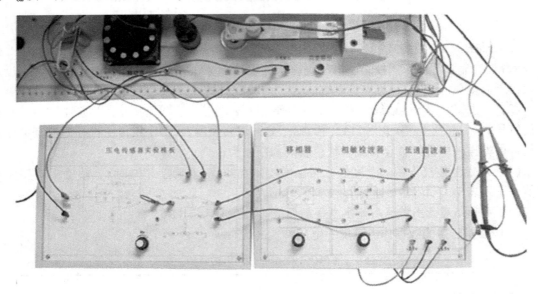

图 11-20　压电式传感器测振安装实物图

（4）合上主控箱电源开关，调节低频振荡器的频率与幅度旋钮使振动台振动，观察示波器波形。

（5）用示波器的两个通道同时观察低通滤波器输入端和输出端波形。

（6）改变低频振荡器频率，观察输出波形变化。

（7）记录下滤波前后波形。

11.9　磁电式传感器转速测量实验

1. 实验目的

了解磁电式传感器测量转速的原理。

2. 基本原理

基于电磁感应原理，N 匝线圈所在磁场的磁通变化时，线圈中感应电动势发生变化。本实验在转盘上嵌入 12 个磁棒，每转一周线圈感应电动势产生 12 次变化，通过放大、整形和计数等电路即可以测量转速。

$$n = \frac{60f}{p} \tag{11-3}$$

式中　f——测得频率数；

p——转盘上磁钢个数，这里，$p = 12$。

3. 实验器件

磁电传感器，1 个；数显单元测转速档，1 块；转动调节 2 – 24V，转动源。

4. 实验步骤

（1）磁电式转速传感器按图 11-21 安装，传感器端面离转动盘面 2mm 左右，并且对准反射面内的磁钢。将磁电式传感器输出端插入数显单元 Fin 孔。（磁电式传感器两个输出插头插入台面板上两个插孔，黄正、黑负）。

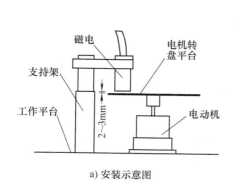

a) 安装示意图

b) 实物图

图 11-21　磁电式传感器转速测量安装图

（2）将波段开关选择转速测量档。

（3）将转速调节电源 2 – 24V 用引线引入到台面板上转动电源单元中转动电源 2 – 24V 插孔，合上主控箱电源开关。使转速电动机带动转盘旋转，逐步增加电源电压观察转速变化情况。

（4）读出转速，再将转速/频率表置于"频率"档，读出测得的频率数，填入表 11-8 中。

表 11-8　磁电式传感器频率 f 与转速 n 数据记录表

2～24V 转动电源位置	1	2	3	4
测得频率 f				
计算出转速 n_1				
测量的转速 n_2				
相对误差 A				

（5）调节转动电源改变转盘转速，重复步骤（4），至少测出三种不同的转速。

（6）计算测量相对误差，计算方法见式（11-2）。

11.10　霍尔式传感器位移测量实验

1. 实验目的

了解霍尔式传感器位移测量原理与应用。

2. 基本原理

根据霍尔效应，霍尔电动势 $U_H = K_H IB$，当霍尔元件处在梯度磁场中运动时，它就可以进行位移测量。实验线路如图 11-22 所示。

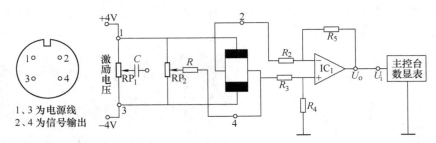

图 11-22　实验电路图

3. 实验器件

霍尔式传感器，1 个；霍尔传感器实验模板，1 块；测微头，1 个；数显表，1 块，直流源 ±4V、±15V 各 1 组。

4. 实验步骤

（1）将霍尔式传感器按图 11-23 安装。

（2）霍尔式传感器与实验模板的连接按图 11-22 进行。1、3 为电源 ±4V，2、4 为输出。

（3）开启电源，调节测微头使霍尔片在磁钢中间位置，再调节 RW_2 使数显表指示为零。

（4）旋转测微头向轴向方向推进，每转动 0.2mm 记下一个读数，直到读数近似不变，将读数填入表 11-9。

表 11-9　霍尔式传感器位移 X 和输出电压 U 数据记录表

X/mm								
U/mV								

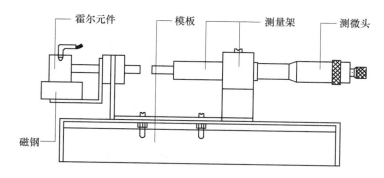

a) 安装示意图

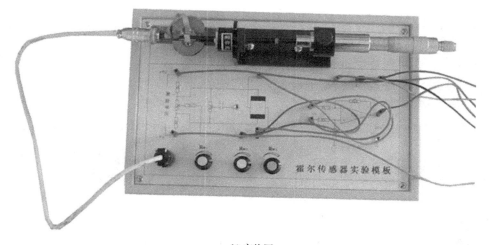

b) 实物图

图 11-23　霍尔式传感器位移测量安装图

（5）作出位移—电压输入输出特性曲线，计算系统灵敏度。

本 章 小 结

本章介绍了常用传感器的实验项目，每种传感器只选取了一种常用量的测量，各学校可根据各自的特点和设备选用。每个实验在附录中都设有相应的实验报告，采用活页的形式，供实验完成后使用。

附　　录

附录 A　复习思考题要点

第 1 章

1. 填空题

（1）测量结果，相同性质单位的标准量，标准量。

（2）偏差式测量。

（3）零位式测量。

（4）偏差式测量，微差式测量。

（5）粗大误差，系统误差，随机误差。

2. 简答题

（1）所谓测量或检测就是指为了获得测量结果或被测量的值而进行的一系列操作，它将被测量与同性质单位的标准量进行比较，并确定被测量对标准量的倍数。

（2）测量一个被测量可以通过不同的方法来实现：

按照测量的手段可分为：直接测量和间接测量。

按照被测量值获得的方法可分为：偏差式测量、零位式测量和微差式测量。

将被测量与已知的标准量进行比较，得到差值后，再用偏差式测量的方法得到这个差值，最后把差值和已知的标准量相加，从而获得我们需要测量的被测量的大小，这种测量方法就是微差式测量。

（3）按照误差出现规律的不同，把误差分为粗大误差、系统误差和随机误差三种。

（4）传感器有静态特性和动态特性，静态特性通常用灵敏度、线性度、迟滞和重复性等来描述。

第 2 章

1. 填空题

（1）弹性元件，应变片，外壳。

（2）敏感栅，基底，覆盖层，引出线。

（3）单臂电桥，双臂（相邻、相对）电桥，全桥。

2. 简答题

（1）导体或半导体材料在受到外力作用下而产生机械形变时，其电阻值也发生相应变化的现象称为电阻应变效应。

（2）金属丝式应变片主要由敏感栅、基底、覆盖层和引出线构成。金属丝式应变片因其制作简单，价格便宜，且性能比较稳定而被广泛应用在检测领域。

（3）金属箔式应变片与金属丝式应变片的结构大致相同，但金属箔式应变片的表面积和截面积之比大，散热性能好，在相同截面的情况下能通过较大电流，而且可以根据需要加工成不同形状，便于批量生产。

（4）电桥的灵敏度 S_u 是单位电阻变化率所对应的输出电压的大小 $S_u = n\dfrac{U_i}{4}$，工作臂系数越大，电桥灵敏度越高。在全桥中，当 R_1、R_3 工作臂被拉伸，R_2、R_4 被压缩时，工作臂系数 n 最大，电桥的灵敏度最高。

（5）采用温度补偿，应变片的温度补偿一般有两种方法：电桥补偿法和自补偿法。

（6）它的一端为盲孔，另一端用法兰与被测系统连接，应变片粘贴在筒的外部弹性元件上，工作应变片粘贴在空心筒部分，温度补偿片粘贴在实心部分，工作时，筒空心的左边受到外界的压力，引起筒内空心部分的变形，使粘贴在上边的工作应变片发生变形，其电阻值发生变化而使原本由工作片和补偿片构成的电桥失去平衡，输出电压发生改变，而温度补偿片由于在实心部分，因此没有发生变形，刚好起到了温度补偿的作用。

第 3 章

1. 填空题

（1）自感、互感、电感

（2）自感式、互感式

（3）变气隙厚度式、变面积式、螺管式

（4）衔铁、一次绕组、二次绕组

（5）零点残余电压

（6）电涡流效应

（7）高频反射式、低频透射式

2. 选择题

（1）B　　　（2）B　　　（3）C

3. 判断题

（1）✓　　　（2）✓　　　（3）✓　　　（4）×

4. 简答题

（1）电感式传感器是应用电磁感应的原理，以带有铁心的电感线圈为传感元件，把被测非电量变换为自感系数 L 或互感系数 M 的变化，再将 L 或 M 的变化接入到测量电路，从而得到电压、电流或频率电量变化等，并通过显示装置得出被测非电量的大小。电感式传感器可以分为自感式和互感式两大类。

（2）螺管式电感传感器灵敏度较低，但量程大且结构简单，易于制作和批量生产，是使用最广泛的一种电感式传感器，适用于较大位移或大位移的测量。

（3）自感式传感器由线圈、铁心、衔铁组成。它有三种类型：变气隙厚度式、变面积式、螺管式电感传感器。工作原理是把被测量变化转换为传感器自感系数 L 的变化来实现的。测量转换电路通常采用交流电桥电路，但输出值只能反应衔铁位移的大小，而不能反应位移的极性，而且在实际工作中还存在零点残余电压的影响，所以采用一种带相敏整流的电桥电路。它用于测量位移，凡是能转换成位移变化的参数，如力、压力、压差、加速度、振动、工件尺寸等均可测量。

（4）当电感式传感器活动衔铁位于中间位置时，可以发现，无论怎样调节衔铁的位置，均无法使测量转换电路的输出为零，总有一个很小的输出电压（零点几个毫伏，有时甚至可达数十毫伏）存在，这种衔铁处于零点附近时存在的微小误差电压称为零点残余电压。产生零点残余电压的原因，大致有：A. 差动电感两个线圈的电气参数、几何尺寸或磁路参数不完全对称；B. 存在寄生参数。如线圈间的寄生电容及线圈、引线与外壳间的分布电容；C. 电源电压含有高次谐波；D. 磁路的磁化曲线存在非线性等。清除零点残余电压的方法可以有：A. 提高框架和线圈的对称性，特别是两组线圈的对称；B. 减小电源中的谐波成分；C. 正确选择磁路材料，同样适当减小线圈的励磁电流，使衔铁工作在磁化曲线的线性区；D. 在线圈上并联阻容移相网络，补偿相位误差；E. 选用适当的测量电路，一般可采用相敏整流器的方法，即可以判别衔铁移动的方向。

（5）差动变压器主要由衔铁、线圈（包括一个一次绕组和两个二次绕组）等组成。差动变压器是把被测量变化转换为传感器互感系数 M 的变化来实现的，其实质上就是一个输出电压可变的变压器。测量转换电路是差动相敏检波电路和差动整流电路。它用于测量位移、加速度、液位、振动、厚度、应变、压力等各种物理量的测量。

（6）当通过金属导体中的磁通发生变化时，就会在导体中产生感应电流，这种电流在导体中是自行闭合的，这就是所谓电涡流。电涡流的产生必然要消耗一部分能量，从而使产生磁场的线圈阻抗发生变化，这一物理现象称为电涡流效应。

第 4 章

1. 填空题

（1）变面积型　变极距型　变介电常数型

（2）差动

（3）涂绝缘层

（4）调幅电路　脉宽调制电路　调频电路

（5）运算放大器式

（6）质量块

2. 选择题

（1）B　　　（2）D　　　（3）B　　　（4）B

3. 简答题

（1）有三种基本类型，即变面积型、变极距型和变介电常数型；差动结构的电容式传感器可减小非线性、提高灵敏度。

（2）大致可分为三类：①调幅电路，将电容值转换为相应幅值的电压，常见的有交流电桥电路和运算放大器式电路；②脉宽调制电路，将电容值转换为相应宽度的脉冲，具有线性输出特性，只需低通滤波器就可获得直流输出；③调频电路，将电容值转换为相应的频率。

（3）质量块的两个端面经磨平、抛光后作为动极板，分别与两个固定极板构成一对差动电容 C_1 和 C_2。当传感器沿垂直方向作加速直线运动时，固定电极相对质量块产生正比于加速度的位移，使 C_1、C_2 中一个增大，另一个减小。

（4）变介电常数型：①固态物质，平板式；②液态物质，圆筒式。

（5）电容式液位计

（6）被测物质处于两定极板之间，若厚度变化会导致电容值的变化，从而测出厚度。

（7）电容式加速度传感器安装在轿车上，当测得的负加速度值超过设定值时，微处理器据此判断发生了碰撞，于是就启动轿车前部的折叠式安全气囊迅速充气而膨胀，托住驾驶员及同排的乘员的胸部及头部，从而保证其生命安全。

第 5 章

1. 填空题

（1）最低光频率。

（2）光电管，光电倍增管，光敏电阻，光敏二极管，光敏晶体管。

（3）光电阴极，阳极，真空玻璃壳内，光电阴极。

（4）高速电子，物体中的电子，物体表面。

（5）光电导，半导体薄膜，绝缘基片，电阻。

（6）中心—纤芯，外层—包层，护尼龙塑料。

（7）功能型，传光型。

（8）光敏单元，输入结构，输出结构，面，线。

2. 简答题

（1）基于外光电效应有光电管和光电倍增管；内光电效应分光电导效应和光生伏特效应，基于光电导效应的光电器件有光敏电阻，基于光生伏特效应的有光敏二极管和光敏晶体管。

（2）机械鼠标必须使用鼠标滚球；第一代光电鼠标由光电断续器来判断信号，使用时需要一块特殊的反光板作为鼠标移动的垫；第二代光电鼠标使用的是光眼技术，鼠标在桌面操作即可。

（3）自动旋转门顶部有一个反射式光电开关，其发射出来的红外线，扫描到走到门附近的人，反射给光电器件，驱动门旋转。

（4）传光型。

（5）数码相机属于 CCD 传感器。

（6）略。

3. 连连看

1-d　　2-c　　3-a　　4-e　　5-b

第 6 章

1. 填空题

（1）普通热电偶，薄膜热电偶，铠装热电偶，两个热电极材料不同，两个接点的温度不同。

（2）石英晶体，压电陶瓷。

（3）电磁感应，变磁通，恒磁通。

（4）电流方向，磁场方向，电流，磁场，电动势

2. 简答题

（1）热电偶必须用不同材料做电极，在 T、T_0 两端必须有温度差，这是热电偶产生热电动势的必要条件。

（2）压电元件可以等效成一个电荷源和一个电容并联的等效电路，它是内阻很大的信号源，因此要求后面与它配接的前置放大器具有高输入阻抗。

（3）磁电式传感器利用电磁感应原理，将运动速度转换成线圈中的感应电动势输出。其特点是工作时不需要电源，而是直接从被测体吸取机械能转换成电能输出，是典型的电动势型传感器。

（4）磁电式传感器结构上都有两大部分：磁路系统和工作线圈。按磁路系统分有两种类型，一种是变磁通式，另一种是恒磁通式。

（5）霍尔元件结构简单，从一个矩形薄片状的半导体基片上的两个相互垂直方向的侧面上，各引出一对电极。

（6）霍尔式传感器主要有下列三个方面的应用类型：利用霍尔电动势正比于磁感应强度的特性来测量磁场及与之有关的电量和非电量；利用霍尔电动势正比于激励电流的特性可制作回转器、隔离器、电流控制装置等；利用霍尔电动势正比于激励电流与磁感应强度乘积的规律制成乘法器、除法器、乘方器、开方器、功率计等。

3. 连连看

1-b   2-e   3-a   4-d   5-c

第 7 章

1. 填空题

（1）PTC   NTC

（2）绝对湿度   相对湿度   露点

（3）正湿敏特性   负湿敏特性

（4）烧结型   薄膜型   厚膜型

（5）几何形状

（6）输运   复合

（7）单管使用   互补使用

2. 选择题

（1）C   （2）C   （3）B   （4）A   （5）D

3. 简答题

（1）与热电阻相比，热敏电阻具有以下特点：

① 灵敏度高，电阻温度系数大；

② 体积小，能测量其他温度计无法测量的空隙、体腔内孔等处的温度；

③ 使用方便，热敏电阻阻值范围广，热惯性小且无需冷端补偿引线；

④ 热敏电阻其温度与电阻值之间呈非线性转换关系，且稳定性以及互换性差。

（2）气湿度的物理量有绝对湿度、相对湿度和露点温度。

① 绝对湿度：表示单位体积空气里所含水汽的质量。

② 相对湿度：表示空气中实际所水汽的分压和相同温度下饱和水汽的分压比值的百分数。

③ 露点温度：将未饱和气体降温到水汽饱和的温度称为露点温度。

（3）转换机理：

① 负湿敏特性半导体陶瓷

当水分子在半导体陶瓷表面吸附时，将从其表面俘获电子，使其表面带负电。半导体若是 P 型，会有更多的空穴到达其表面，使表面的电阻值下降。半导体若是 N 型，水分子的吸附同样导致表面电势下降，它不仅使表面层电子耗尽，而且将吸引更多的空穴到达表面层，这将使到达表面层的空穴浓度大于电子浓度（载流子反型），表面电阻值下降。

② 正湿敏特性半导体陶瓷

当水分子吸附在正湿敏特性半导体陶瓷材料的表面时，导致其表面层电子浓度下降，但仍以电子导电为主，于是表面电阻将由于电子浓度的下降而增大，从而使表面电阻随湿度的增加而增大。

（4）多数气敏传感器附有加热器，作用是在 200～400℃ 温度下，将吸附在敏感元件表面的尘埃、油雾等烧掉，同时加速气体的吸附或脱附，从而提高其响应速度。

（5）将通以电流的半导体放在均匀磁场中，运动的载流子受到洛伦兹力的作用而发生偏转，这种偏转导致载流子的漂移路径增加；或者说，沿外加电场方向运动的载流子数减少，从而使电阻值增加，这种现象称为磁阻效应。磁场一定时，迁移率高的材料其磁阻效应越明显；在恒定磁感应强度下，其长宽比（L/b）越小，磁阻效应越大；圆盘形元件的磁阻效应最为明显。

第 8 章

1. 填空题

（1）20kHz，听不到的。

（2）逆压电，正压电。

（3）电，声，直探头，斜探头，联合双探头，液浸探头。

（4）A，B，C，无损检测。

2. 简答题

（1）略。

（2）当压电晶片受发射脉冲激励后产生振动，即可发射声脉冲；当超声波作用于晶片时，晶片受迫振动引起的形变可转换成相应的电信号。前者是超声波的发射，依据于压电晶片的逆压电效应；后者的超声波的接收，依据于压电晶片的正压电效应。

（3）直探头、斜探头、联合双探头和液浸探头等。

（4）脉冲反射法根据工作原理不同可分为 A 型、B 型和 C 型三种。A 型主要应用于无损检测中，B 型和 C 型主要应用于医学方面，即俗称的 B 超和彩超。

第 9 章

1. 填空题

（1）半桥单臂，半桥双臂，全桥。

（2）调幅（AM），调频（FM），调相（PM），了恢复原信号。

（3）低通，高通，带通，带阻。

（4）表头显示。

（5）干扰源，干扰途径，对噪声敏感的接收电路。

2. 简答题

（1）半桥双臂比半桥单臂灵敏度的输出灵敏度最高提高一倍，条件是：两片受力相反的应变片，接入电桥邻臂，其阻值随被测量而变化，即 $R_1 \pm \Delta R_1$、$R_2 \mp \Delta R_2$，且当 $\Delta R_1 = \Delta R_2 = \Delta R$ 时，输出灵敏度提高一倍。

（2）根据载波受调制的参数不同，调制可分为调幅（AM）、调频（FM）和调相（PM）。

（3）从调幅过程可知，载波频率 f_0 必须高于原信号中的最高频率 f_m 才能使已调波仍保持原信号的频谱图形不重叠。为减小放大电路可能引起的失真，信号的频宽（$2f_m$）相对中心频率（f_0）越小越好，动态应变仪的电桥激励电压频率为载波频率，所以很高为 10kHz，而工作频率是待处理的信号频率，只有 0～1500Hz。

（4）电子手表大都是液晶显示。

第 10 章

1. 填空题

（1）靠近，通过。

（2）金属导体。

（3）两极板，介质。

（4）热电偶，热电阻，热敏电阻，光纤，红外。

2. 简答题

（1）机器人中常用传感器有：视觉传感器、触觉传感器、接近觉传感器、听觉、嗅觉以及味觉等传感器。

（2）汽车中所使用的温度传感器有：线绕电阻式、热敏电阻式和热偶电阻式三种主要类型。三种类型传感器各有特点，其应用场合也略有区别。线绕电阻式温度传感器的精度高，但响应特性差；热敏电阻式温度传感器灵敏度高，响应特性较好，但线性差，适应温度较低；热偶电阻式温度传感器的精度高，测量温度范围宽，但需要配合放大器和冷端处理一起使用。

（3）接近觉传感器和嗅觉传感器。

（4）略。

附录 B　传感器实验报告

应变式传感器测力实验报告

1. 实验目的

2. 实验器件

3. 实验内容

4. 实验数据记录

质量/g	0	20	40	60	80	100	120	140	160	180	200
单臂输出电压/mV											
半桥输出电压/ mV											
全桥输出电压/ mV											

5. 实验数据处理

（1）绘制质量—电压输入输出特性曲线。

（2）分别计算三种测量系统的系统灵敏度 S_1、S_2、S_3，并比较哪种方法系统灵敏度最高。

差动变压器位移测量实验报告

1. 实验目的

2. 实验器件

3. 实验内容

4. 实验数据记录

X/mm	−2.5	−2.0	−1.5	−1.0	−0.5	0	0.5	1.0	1.5	2.0	2.5
U/mV											

5. 实验数据处理

（1）绘制位移—电压输入输出特性曲线。

（2）计算系统灵敏度。

电涡流式传感器位移测量实验报告

1. 实验目的

2. 实验器件

3. 实验内容

4. 实验数据记录

X/mm									
U/mV									

5. 实验数据处理

（1）绘制位移—电压输入输出特性曲线。

（2）计算系统灵敏度。

电容式传感器位移测量实验报告

1. 实验目的

2. 实验器件

3. 实验内容

4. 实验数据记录

X/mm	0	0.5	1.0	1.5	2.0	2.5	3.0	3.5	4.0	4.5	5.0
U/mV											

5. 实验数据处理

（1）绘制位移—电压输入输出特性曲线。

（2）计算系统灵敏度。

光电式转速传感器转速测量实验报告

1. 实验目的

2. 实验器件

3. 实验内容

4. 实验数据记录

2-24 转动电源位置	1	2	3	4
测得频率 f				
计算出转速 n_1				
测量的转速 n_2				
相对误差 A				

光纤式传感器位移测量实验报告

1. 实验目的

2. 实验器件

3. 实验内容

4. 实验数据记录

X/mm	0	0.1	0.2	0.3	0.4	0.5	0.6	0.7	0.8	0.9	1.0
U/mV											

5. 实验数据处理

（1）绘制位移—电压输入输出特性曲线。

（2）计算系统灵敏度。

热电偶测量温度实验报告

1. 实验目的

2. 实验器件

3. 实验内容

4. 实验数据记录

$t/℃$									
U/mV									

5. 实验数据处理
绘制温度—电压特性曲线。

压电式传感器测振实验报告

1. 实验目的

2. 实验器件

3. 实验内容

4. 实验波形记录
（1）低通滤波器输入端波形。

（2）低通滤波器输出端波形。

磁电式传感器转速测量实验报告

1. 实验目的

2. 实验器件

3. 实验内容

4. 实验数据记录

2～24V 转动电源位置	1	2	3	4
测得频率 f				
计算出转速 n_1				
测量的转速 n_2				
相对误差 A				

霍尔式传感器位移测量实验报告

1. 实验目的

2. 实验器件

3. 实验内容

4. 实验数据记录

X/mm									
U/mV									

5. 实验数据处理

（1）绘制位移—电压输入输出特性曲线。

（2）计算系统灵敏度。

剪

切

线

参 考 文 献

[1] 郁有文，常健，程继红．传感器原理及工程应用［M］．西安：西安电子科技大学出版社，2000.

[2] 宋文绪．自动检测技术［M］．北京：冶金工业出版社，2002.

[3] 周杏鹏，仇国富，王寿荣．等．现代检测技术［M］．北京：高等教育出版社，2004.

[4] 孙建民，杨清梅．传感器技术［M］．北京：清华大学出版社；北京交通大学出版社，2005.

[5] 唐露新．传感与检测技术［M］．北京：科学出版社，2006.

[6] 沈聿农．传感器及应用技术［M］．北京：化学工业出版社，2002.

[7] 王俊峰．等．机电一体化检测与控制技术［M］．北京：人民邮电出版社，2006.

[8] 赵巧娥．自动检测与传感器技术［M］．北京：中国电力出版社，2005.

[9] 李孟源．测试技术基础［M］．西安：西安电子科技大学出版社，2006.

[10] 周化仁．等．检测与转换技术［M］．江苏：中国矿业大学出版社，1989.

[11] 梁森．等．自动检测与转换技术［M］．北京：机械工业出版社，2002.

[12] 孙仁涛．磁敏传感器国内外概况及其应用［P］．沈阳：沈阳仪表科学研究院，2006.

[13] 黄长艺，严普强．机械工程测试技术基础［M］．北京：机械工业出版社，2001.

[14] 梁森，黄杭美，阮智利．自动检测与转换技术［M］．北京：机械工业出版社，1997.

[15] 吴旗．自动检测与转换技术［M］．南京：河海大学出版社，1998.

[16] 吴绍琳，孙祖达．检测与转换技术［M］．西安：西安交通大学出版社，1990.

[17] 王煜东．传感器及应用［M］．北京：机械工业出版社，2005.

[18] 鲍风雨．典型自动化设备及生产线应用与维护［M］．北京：机械工业出版社，2004.